湖南师范大学学科建设(双一流)资助

长三角地区城市群落结构演化及其空间模式研究

The Evolution of Urban Community Structure and Its Spatial Pattern in the Yangtze River Delta Region

王钊 著

测绘出版社
·北京·

内容简介

在全球化发展过程中，城市地理学出现“流空间”转向，空间网络成为研究热点。本书立足于网络化时代城市群高度集群发展的背景，融合城市地理学、城市生态学最新理论和方法，就中国集群程度最高的区域——长三角地区的群落结构演化进行深入研究。力图构建群落结构量化分析框架，剖析长三角地区复杂和相互嵌套的集群网络，揭示城市群体结构时空分异规律，对于建设中国城市群体结构演进理论和指导城市群规划具有重要参考价值。

本书可供城市地理学、城市规划学等领域的科研和管理人员参考使用，相关研究框架与分析方法可为空间规划实践提供有力指导。

图书在版编目（CIP）数据

长三角地区城市群落结构演化及其空间模式研究／王钊著．—北京：测绘出版社，2021.1

ISBN 978-7-5030-4355-0

Ⅰ．①长…　Ⅱ．①王…　Ⅲ．①长江三角洲—城市群—空间结构—研究　Ⅳ．①F299.21

中国版本图书馆 CIP 数据核字（2020）第 267631 号

责任编辑　刘　策　　**封面设计**　李　伟　　**责任印制**　吴　芸

出版发行	测绘出版社	**电　话**	010—68580735（发行部）
社　址	北京市西城区三里河路 50 号		010—68531363（编辑部）
邮政编码	100045	**网　址**	www.chinasmp.com
电子信箱	smp@sinomaps.com	**经　销**	新华书店
成品规格	169mm×239mm	**印　刷**	北京建筑工业印刷厂
印　张	8.25	**字　数**	158 千字
版　次	2021 年 1 月第 1 版	**印　次**	2021 年 1 月第 1 次印刷
印　数	001—800	**定　价**	48.00 元

书　号　ISBN 978-7-5030-4355-0
审图号　GS（2020）3728 号

前　言

随着全球化、信息化与城市化的高速推进，城市集聚成群已成为全球竞争与国际分工的重要空间形态，城市群体的空间组织形式也已从规划有序安排的规模等级结构转向自组织的多中心、嵌套式结构，城市间具有方向和强度的实质要素流成为影响城市间关系的重要依据。国内外学者从不同视角围绕城市群体结构进行了大量的研究，但现有研究对城市群体空间的动态研究及演进理论提炼不足，相关研究多从宏观层面结构着手，对于城市内各个维度和各个层面要素形成的复杂集群结构及结构间的耦合机理缺乏系统性的整合框架。如何运用复杂网络分析方法，将全球化和信息化背景下城市间多元结构和动态演进结合起来，挖掘城市群落内部结构的动态多样性和结构成因多源性，成为本书的重要出发点。

长江三角洲(简称长三角)地区的发展面临众多方面的挑战。相比美国等国家发育成熟的城市群，长三角地区内部相互联系不够紧密，城市之间的竞合关系层次较低。对于处在发展和整合关键时期的长三角地区的空间结构，探索现阶段其内部城市空间的复杂网络特征和演变趋势，是制定正确的空间发展策略，有效推进要素良性运作、结构优化和功能提升，促进结构效益提升和区域可持续发展的必然之举。

本书运用城市经济基础理论和“城市流”的思路，以城市对外服务流来表征城市群落结构中关键性相互作用和联系。在测度可达性大小、城市对外服务价值的大小和组合特征的基础上，通过相互作用模型构建城市间相互关联，结合复杂网络分析方法对三类(生产性、生活性、公共性)对外服务作用下的群落结构体系进行量化分析，识别不同时期城市群落的空间结构模式，并剖析其演化的驱动因素和机制，以期为城市发展格局优化、城市群落整体功能提升提供理论支撑，进而提出促进城市群落一体化格局发展与完善的相应对策。

全书共分为 8 章：第 1 章概述全球城市空间发展最新趋势，并提出本书研究思路、方法和内容；第 2 章主要介绍国内外相关研究的最新进展；第 3 章介绍城市群落结构动态演进的理论分析框架；第 4 章分析了长三角地区城市对外服务能力及空间格局分异；第 5 章从整体演变特征、节点特征、垂直和水平结构特征三个方面对城市群落结构及其演化进行剖析；第 6 章为长三角地区城市群落结构的关联性分析与模式识别；第 7 章为长三角地区城市群落结构演进的动力机制与策略探讨；

第 8 章为研究结论与展望。

本书的出版得到湖南师范大学学科建设(双一流)资助。研究成果得到以下项目资助:国家自然科学基金项目(41471171)和教育部人文社会科学研究青年基金项目(20YJCZH174)。

由于笔者水平有限,书中不当之处敬请读者批评指正。

目　录

第1章　绪　论

§1.1　研究背景

1.1.1　全球化、信息化下城市组织关系重构

经济全球化是第二次世界大战以来，世界经济发展的重要趋势。全球化下的经济活动超越国界，通过对外贸易、资本流动、技术转移、提供服务形成相互依存、相互联系的有机经济整体。20世纪90年代以来，以信息技术革命为中心的高新技术发展，进一步推动了全球经济一体化发展。时间和距离的影响在信息技术发展的作用下开始削弱，跨区域经济活动成为普遍现象。原本垂直一体化的生产过程逐步被分解为若干彼此独立的不同工序，在不同国家或者地区进行区域专业化生产。区域原有的分工格局进行重新调整，新的分工格局开始出现。

在新型国际产业分工方式下，城市开始融入全球经济体系之中，城市体系出现新的特征和发展趋势，即由传统的中心地模式向现代的复杂网络化模式演化(Taylor et al,2013)。具体来说，城市之间中心与腹地的关系不再完全由地理位置和要素分布决定，城市间具有方向和强度的实质要素流成为影响城市间关系的重要依据；城市在信息网络节点上发挥的作用变得更加重要，城市正成为全球、国家和区域等各个层次的不同级别的节点或信息中心；传统中心地模式下的等级空间联系将逐渐被网络模式下的多维空间联系所取代，城市组织关系出现动态化、多元化发展趋势，其组织形式亦逐步呈现出"群内有群、多重嵌套"的特征。

1.1.2　产业转型与服务经济的发展

在过去的几百年产业发展实践中，学者们发现高速的工业化进程会带来经济结构的巨大变迁。如佩蒂-克拉克的产业结构演进规律，钱纳里、库兹涅兹以及罗斯托等人的经济发展阶段论，富克斯等人的服务经济理论，等等。这些理论均指出了一个产业结构演变的基本特征，即在工业化发展到一定阶段时，服务业会超越工业的发展，使社会经济逐渐呈现出"服务经济阶段"的特征。作为全球产业与市场整合的黏合剂，服务经济有着传统制造业所无法比拟的特殊功能和重要地位，是经济一体化发展的关键一环。在经济发展过程中，各地区为了充分发挥区位比较优势和竞争优势，会根据自身资源禀赋和优势条件发展服务业，为其他地区提供服务，在这种禀赋优势和贸易往来的基础上，逐渐形成区域劳动分工的格局。因此，

外向服务成为区域及城市发展的主要动力，对外服务功能研究有助于认识区域及城市的产业分工与功能定位。

当前，世界经济的高服务化特征已经越来越明显，一些发达国家已经出现服务业占据主要地位的经济发展特征。我国的产业结构在劳动、资本和技术的梯度转移下也正在经历由“工业经济”向“服务经济”转型的过程。“十一五”期间我国服务业增加值年均增长 18.07%，高于同期国内生产总值，增幅近 2 个百分点。作为我国经济发展的前沿阵地，长三角地区的市场经济发育最快、国际化程度最高、产业结构的转型升级也最为迅速。服务业在国民经济中的地位和作用日益凸显，已成为长三角地区经济增速最快、吸纳新增劳动力最多和产业贡献率最高的产业。具体表现在：①服务业规模迅速增长，增加值于 2009 年超过工业增加值，于 2013 年超过第二产业增加值，实现了产业生产规模和水平的超越；在国内生产总值中占比逐步加大，2003—2015 年，服务业比重由 40%逐步提升至 54%。②对经济的推动作用日趋明显，2015 年服务业对国民生产总值的贡献率已经高达 80%，第二产业的贡献率则下降至 15%。③服务产业经济效益迅速上升，服务业劳动生产率由 2003 年的 5.86 增长至 2015 年的 19.70，效率提升了 2.4 倍。④通过技术升级、结构调整和优化组织，从高耗能、低附加值产业转向低耗能、高附加值产业，服务业实现了各生产要素的更替并向高效化和高端化转变。⑤逐步形成了以交通运输业、批发零售业、餐饮业、金融业、房地产业等为支柱，社会服务、商务服务、居民服务等现代服务业竞相发展的新格局。

1.1.3　区域空间整合的战略需要

为应对全球经济一体化的发展和全球化的挑战，国家通过“一带一路”发展倡议、区域一体化发展战略、城市群发展战略等将单个城市联合成城市群体，以核心城市为中心，形成一种具有全球性意义的城市—区域发展模式和空间组合模式。利用城市群体形成的产业集聚和经济规模，参与全球性的城市竞争和合作。2016 年 9 月，《长江经济带发展规划纲要》(以下简称《纲要》)正式印发，确立了长江经济带“一轴、两翼、三极、多点”的发展新格局。其中，“三极”指的就是以长三角地区城市群为中心的三大增长极。《纲要》描绘了长江经济带发展的宏伟蓝图，是推动长江经济带发展重大国家战略的纲领性文件。它为长三角地区提供了更高层次的国际合作和竞争空间，同时也对长三角地区的空间整合能力提出了更高的要求。

长三角地区的城市群体发展既具有历史性和典型性，也具有世界影响。该地区发展历史悠久，经济发展水平高且广泛参与国际分工，是东部地区的经济中心，同时也是中国发育最成熟的城市群之一。以上海为城市群核心，育有杭州、南京、苏锡常(苏州、无锡、常州)、宁波等高度一体化的都市圈，城市之间、都市圈之间发生着广泛的多部门、多层次的经济协作。但是，长三角地区城市群的发展也面临众多方面的挑战。相比美国等国家发育成熟的城市群，长三角地区城市群内相互联系不够紧密,城市之间的竞合关系层次较低。2016 年 6 月,国家发展改革和委员会发布的《长江三角洲城市群发展规划》(简称《规划》)指出,城市间分工协作不够、低水平同质化竞争严重是长三角一体化发展的主要矛盾,《规划》要求充分协调与优化城市之间的关系,明确城市功能定位,形成优势互补、各具特色的协同发展格局。可见,长三角地区的空间结构正处于发展和整合的关键时期。探索现阶段区域内部城市空间的复杂网络特征和演变趋势,是制定正确的空间发展策略,有效推进要素良性运作、结构优化和功能提升,促进结构效益提升和区域可持续发展的必然之举。

§1.2　研究目标与研究意义

1.2.1　科学问题的提出

如何运用复杂网络分析方法,将全球化和信息化背景下城市间多元结构和动态演进结合起来,挖掘城市群落内部结构的动态多样性和结构成因的多源性,成为本书的重要出发点。中国城市群落空间经历了近 30 年的快速发展,部分城市群落发展已经进入相对成熟阶段,城市群落结构在一定阶段内呈稳定状态,但城市群落内部各个层次维度及关系正进行剧烈的结构调整,只有经过深入的结构挖掘,才能发现在稳定化常态下的结构演变特征。本书的关键问题包括:怎样通过群落结构的组织概念框架,探索城市群落结构的要素构成和核心载体;如何通过复杂网络的指标量化体系定量揭示城市群落结构的发展状态;怎样科学有效地挖掘不同群态结构演化的空间格局与模式,探寻驱动其演化、递嬗的机制与规律。

1.2.2　研究目标

本书旨在通过多个维度和层面构建的复杂网络结构,从对外服务的角度将城市群落的结构演化和结构模式进行刻画。基于全球化、信息化以及城市体系网络化的基本事实,全面梳理城市群落空间布局及空间结构演化相关理论及实证研究,从群落生态学视角出发,通过对外服务这一关键要素,对长三角地区复杂的城市群聚状态、群落结构演化、结构差异及驱动机制等特征和规律进行深入的研究,以期明确城市群一体化形成的机理与发育态势,揭示城市群落结构的演进规律,最终指导城市群结构效益提升与区域可持续发展。

1.2.3　研究意义

1. 理论意义

本书基于城市群落基础理论,以"城市群落结构"为研究对象,探讨多个层面的城市群落结构演化与发展的特征和趋势,总结城市群落结构演化的驱动机制和重塑机制。区别于传统基于单一要素结构的研究范式，更多地关注其内部多要素结构特征。其理论意义在于适应新时期城市群落结构复杂化的特征，深化城市群落结构研究的内涵和内容，探索城市群落结构要素和状态量化研究的新方法，建设在中国城镇化实践基础上的城市群落结构演进理论。

2. 实践意义

长三角地区已经进入工业化和城市化后期阶段，资源环境约束的日益强化和产业成本优势的逐步丧失，城市间分工协作不够、低水平同质化竞争正使得长三角地区的经济持续发展面临多方面的挑战。如何通过服务经济的发展与组织优化实现城市群落竞争力的提升和地区协调发展已成为当前该区域经济建设的核心任务。本书对城市群落对外服务结构演化和驱动机制的分析结果，可以应用在城市群落内部各子要素结构的相互协同、城市群一体化空间结构优化等方面，以期拓展并释放长三角地区的城市发展潜力，把该地区建设成我国参与国际竞争与合作的高水平平台。

§1.3 相关概念界定及分类标准

1.3.1 城市群落

城市的生态学研究方向由来已久，基于生态学原理，人们希望建立一个自然和谐、社会公平和经济高效的复合系统，一个具有自身人文特色的自然与人工协调、人与人之间和谐的人居环境(杨小波 等，2006)。经济的一体化发展与信息化建设使得城市与城市之间的相互联系和作用不断加强，城市不再是单独的个体，城市间人流、物流、资金流、信息流和服务流等功能性联系使城市联结成群，在区域空间中日益呈现出“群落”的格局。

“群落”的概念源于生态学，最早由德国生物学家 K. Mobius 于 1880 年提出并开始使用。生物群落是指在特定时间聚集在一定地域或生境中的，具有一定的生物种类组成及其与环境之间彼此影响、相互作用，具有一定的外貌及结构，包括形态结构和营养结构，并具有特定功能的生物集合体(孙儒泳，1992)。众多学者尝试将生态学中的群落概念引入城市群的研究中来，他们先后提出了城市群落的概念，并对其组成、结构、演进等方面进行了解读。如陈绍愿等(2005a)将城市群落定义为“在特定的时间和特定的地域范围内，相当数量、不同类型的生态智慧型城市通过竞争、捕食、附生、寄生、共生等生态行为形成相互联系、相互制约的空间结构和功能体系，并具有自然选择、协同进化和演替等生态功能的有机统一体”。李浩(2008)结合城镇密集地区的研究，认为城镇群落是指在特定空间或特定生境下，由一定的人类聚居单元及其他生物种群所组成，表现出一定的形态特征和空间结构，与区域空间环境之间彼此影响、相互作用并具有特定功能的城乡空间集合体，它是一个相对完整的地域空间和生态学功能单位。段祖亮等(2011)则认为城市群落是指若干城市在共同的生境条件下通过竞争、共生等生态行为所形成的，并与环境相互作用的城市群体，具有协同进化、演替等生态功能的有机体。

众多学者的定义显示，城市群落具有复杂和丰富的概念内涵，但究其根本，是指将城市生态学研究的范围从单个城市拓展到一定区域内呈集聚状态的多个城市，用生态群落的眼光去审视城市群内部以及城市群与其所栖息的外界环境系统之间的互动关系。本书重点探讨不同类型对外服务功能作用下形成的群落形态特征和空间结构演变规律。

在城市群落的理论框架中，学者利用类比的方法，将城市系统和生态系统的研究层面进行了清晰的比较，如图1.1所示，并详细列举了两者的特征对比情况(段祖亮 等，2011)，如表1.1所示。

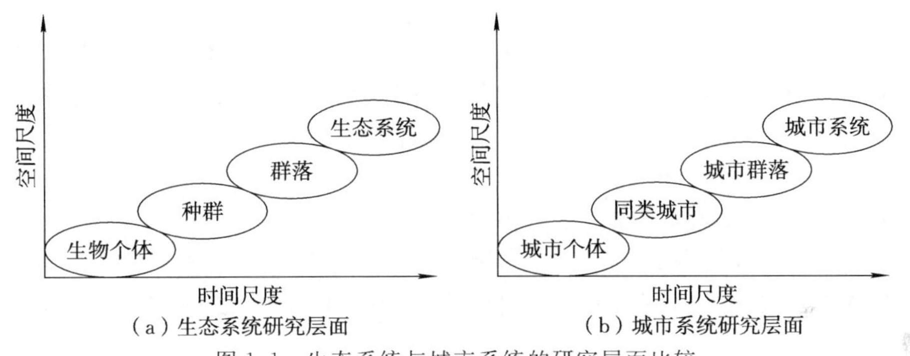

图1.1　生态系统与城市系统的研究层面比较

表1.1　生物群落与城市群落的对比

内容	生物群落	城市群落
群落的复杂性	生物群落是在一定时间内居住于一定生境中的不同种群所组成的生物系统	城市群落是由诸多城市组成的、复杂的、开放性的系统
群落的多样性	群落是由多种植物、动物、微生物种群组成	城市群落由为数众多规模等级不同的城市组成
群落的稳定性	生物群落的多样性决定了群落的稳定性	城市之间关系的形成和维系具有一定的稳定性
群落的水平结构	生物群落由于不同的配置状况产生了水平格局	城市群落内各个城市生长的自然、社会、地理条件和资源配置各异，形成了复杂的空间网络结构
群落的垂直结构	生物群落具有分层现象	城市群落内由于各城市职能不同，在区域经济发展中充当着不同的角色，形成一定的等级结构

续表

内容	生物群落	城市群落
物种之间的相互影响	物种之间存在着竞争、捕食、附生和共生的关系	城市群落内各城市之间具有竞争与捕食关系，以及因集聚效应存在的共生关系
一定的动态特征	生物群落是生态系统中具有生命的部分，生命的特征是不停地运动，生物群落具有一定的演替规律	城市群落的发展将经历雏形期、成长期、成熟期等不同的时期，各个阶段具有各自不同的特征
一定的分布范围	生物群落分布在特定地段或特定生境之中	由于城市地域范围的划分，城市群落具有相对的边界和分布范围

1.3.2 群落结构

群落结构是指城市在一定环境中的分布及其与周围环境之间相互作用形成的结构，也可以称之为群落格局。城市地理学对城市群落的研究重点关注城市群落的空间结构问题。作为多种空间要素的组织格局，城市群落的空间结构是复杂的人类社会经济和文化活动在特定环境条件下的地域投影，是人类聚居组织方式在空间上的具体体现。城市群落的空间结构在根本上影响和决定着城市群落的发展方向。反过来，城市群落的空间结构对于人类社会经济和文化活动的健康和协调发展也具有特殊的反作用和深刻影响。

城市群落的空间结构可以细分为垂直结构和水平结构。垂直结构是指城市群落内的城市在规模或者等级上的分化状况，即城市群落为更加合理有效地利用资源所形成的规模等级职能结构；水平结构是指城市群落在水平空间资源配置状况下，其组成要素在地域上的分布情况，即城市群落的空间格局及其空间网络模式(陈绍愿 等，2005a)。

一个城市群落中，往往具有从小到大不同规模的城市个体。而且，规模小的城市数量较多，城市规模越大，城市数量越少，呈现出“生态金字塔”的规律。城市群落的组成城市必须在地域面积、人口规模、经济总量等方面分处于城市群落金字塔的不同层级上，也就是分处于不同的竞争生态位，才能在激烈的竞争中避免生存资源的浪费，使城市群落发挥最大生态功能，以求实现持续向前演替。水平结构方面，尽管现代交通通信技术的进步降低了“空间”对城市布局和城市发展的约束作用，但在新经济时期，空间具有了新的属性，如技术、环境和文化的含量和区位，这些新的属性使得城市布局的分散化现象只发生在微观区域，在宏观区域则更加集中化。

1.3.3 城市对外服务

在城市经济基础理论中，城市全部经济活动按照服务对象来分，可以分为基本经济活动和非基本经济活动两部分。具有外向功能的基本经济活动主要为城市以外的地区服务，通过产品和劳务输出为城市带来收入，并以乘数效应推动城市经济的增长与扩张，这部分经济活动被称为城市对外服务，它是城市存在和发展的经济基础；而满足城市内部需求的经济活动，随着基本部分的发展而发展的部分则被称为非基本活动(阎小培 等,1999)。中心地理论表明，不同等级服务中心城市的存在，产生城市服务功能的等级系统。城市对外服务功能越强，它所能提供的服务产品越多，高等级的服务中心城市为低等级服务中心城市提供服务产品，等级较低的服务中心城市为城市当地服务的同时也可以向其他等级更低的城市提供服务产品。城市对外服务功能是区域及城市发展的主要动力，其相关研究有助于认识区域及城市的产业分工与功能定位。本书重点探讨三种类型对外服务功能作用下的城市群落结构演变特征及规律，是对城市对外服务的进一步深入研究。

§1.4　研究思路与研究内容

1.4.1　研究思路

我国当前正处于制造经济向服务经济转型的关键时期，服务经济发展日新月异，对外服务功能不断调整，以对外服务为核心载体的城市群落结构也不断演变。本书运用城市经济基础理论和“城市流”的思路，以城市对外服务流来表征城市群落结构中关键性的相互作用和联系。在测度可达性大小、城市对外服务价值的大小和组合特征的基础上，通过相互作用模型构建城市间相互关联，结合复杂网络分析方法对城市对外服务作用下的群落结构体系进行定量，识别不同时期城市群落的空间结构模式，并剖析其演化的驱动因素和机制，以期为城市发展格局优化、城市群整体功能提升提供理论支撑，进而促进城市群一体化格局的进一步发展完善。

1.4.2　研究内容

1. 对外服务群落动态演进的理论框架

群落结构是城市群落内部各个层面和维度的结构构成、演变及相互关系。在系统梳理城市群落结构演变的理论基础之上，遴选城市群落内部的核心关联要素，结合复杂网络分析工具，构建城市群落结构演进的理论研究框架。其包括：①城市群落结构研究的关键载体；②城市群落结构的复杂网络表征；③理论研究框架构建。

2. 长三角城市对外服务能力测度

对长三角城市群落中节点的对外服务功能进行测度，并借助地理信息系统空间分析工具分析节点服务能力空间格局、核心城市服务能力分异以及层级结构的演变。其主要包括：①对外服务功能类型划分；②对外服务能力层级变化；③对外服务功能组合特征。

3. 长三角城市对外服务群落结构的演化特征

运用城市经济基础理论和“城市流”的思路，以三类城市对外服务流（生产性、生活性、公共性）来测度群落内部的相互作用和联系，借助复杂网络分析方法对城市相互作用下的集群结构进行定量识别。

4. 长三角城市对外服务群落结构对比与模式识别

从多种类型相互关联下的城市对外服务网络结构入手，挖掘不同群落结构之间的同构性特征与差异化格局。对三类对外服务联系作用下的群落结构进行定量识别，并进行横向和纵向对比，探索多维度城市群落结构的模式差异。

5. 长三角城市群落结构演进的机理与策略探讨

从空间组织理论的“自组织”与“他组织”理论出发，探讨城市群落结构演进的影响因素，并对比分析这些影响因素作用强度随时间变化以及在不同类型群落结构间的差异；探索城市群落空间组织与管理的机制和路径，并提出群落结构升级和区域协调发展的对策与建议。

§1.5 研究区概况与数据来源

1.5.1 研究区概况

长三角地区位于中国大陆东部沿海，北纬 33°～28°，东经 117°～123°，濒临黄海与东海，地处江海交汇之地，沿江沿海港口众多，地形以平原为主，如图 1.2 所示。长三角地区经历了悠久的发展历史，封建社会时期就以发达的农业、手工业和商业著称。由于商品经济的发展，新中国成立前该地区已经形成新兴现代工商业城市群。新中国成立后虽经历了计划经济的趋同化发展阶段，但经过改革开放后城市功能的重新定位调整，逐渐形成以上海为贸易、金融、信息中心，依靠港口、航道、交通枢纽等重要区位，内引外连的国际化大都市区。

长三角地区处于“一带一路”和长江经济带的交接地带，地理位置十分优越。它由江苏、浙江、上海两省一市的 16 个地级市构成，占地面积 11 万平方千米，约占全国国土面积的 1.20%。长三角地区经济发展水平高且广泛参与国际分工，是东部地区的经济中心。2015 年，全区国内生产总值达到 11.88 万亿元，总人口达到 9 273 万人，分别占全国的 17.33%和 6.32%。作为中国经济最发达的区域，该地区的产业正向后工业化时代迈进。2014 年，长三角城市群的第三产业占比首次超过 50%，产业结构历史性地进入了“三、二、一”时代，第三产业在工业经济下行中实现了快速发展。

长三角地区也是我国城镇密度最高的地区之一。以上海为城市群核心，育有杭州、南京、苏锡常、宁波等高度一体化的都市圈，城市之间、都市圈之间发生着广泛的多部门、多层次的经济协作。长三角地区的城镇等级体系较为完整，类别较为齐全，大中小城市均有发展。为了进一步应对经济全球化带来的各种挑战，增强区域综合竞争力，国家提出长江经济带、长三角城市群等区域发展战略，从更高层次上构筑起区域一体化协调机制。

图 1.2　长三角区位示意

需要说明的是，本书所指的长三角地区主要是现长三角城市群的核心地带，包括 1 个直辖市(上海)，3 个副省级城市（南京、杭州、宁波）和 12 个地级市(江苏的苏州、无锡、常州、南通、泰州、镇江、扬州，浙江的嘉兴、湖州、绍兴、舟山、台州)，以及 51 个县(市)，共计 67 个研究单元。

1.5.2　数据来源

本书所使用的数据主要包括：

(1)统计数据。研究所采用的社会经济数据主要包括人口、国内生产总值、各行业从业人员数。数据来源于2004—2015年江苏省、浙江省和上海市统计年鉴以及各地市统计年鉴。由于各省市在研究期内经过了较大的行政区划变动，为保持各年份数据研究的一致性，本书以2014年的行政区划范围和各个城镇的名称为标准进行数据处理。

(2)交通路网数据。本书收集了长三角地区16个地级市2003年、2008年、2014年的道路网数据。2003年道路数据来源于《浙江省公路交通图册(2003)》和《江苏省公路地图册(2003)》；2008年道路数据来源于《江苏省及沪浙地区公路里程地图册(2008)》；2014年道路数据来源于《长江三角洲地区交通地图(2015)》。在矢量化原始数据的基础上，检验各年份的逻辑一致性和数据完整性，最终形成长三角交通路网数据库，具体包含道路长度、等级、速度、高速公路进出口、铁路停靠站点、轮渡口等属性。

(3)语言地图数据。本书以《中国语言地图集》数据为基础，将不同地级市的主体方言片区归属进行了判断，并将其矢量化为长三角地区方言的空间分布图。

(4)基础地理信息数据。本书所采用的基础地理信息数据主要包括长三角地区乡镇界线数据、空间分辨率为1 km×1 km的标准分幅长三角地区夜间灯光数据。

§1.6　研究方法与技术路线

1.6.1　研究方法

本书的研究内容涉及要素的空间分布、时间演化、结构特征描述与模式识别等方面，需要综合运用多种研究方法进行分析。

1. 文献综述分析

结合经济地理学、城市地理学、城市生态学等学科的相关理论，本书系统地分析了国内外关于城市群体结构演进、服务业发展与服务功能转变、对外服务能力测度、群落结构概念建构及实证等研究的最新研究进展和态势，对其进行梳理、归纳，并给予相关述评和展望，为本书的科学选题提供客观依据，也为本书理论体系和研究框架的构建奠定基础。

2. 数理模型分析

城市之间的对外服务、文化影响、贸易流动等相互关联往往是不可见的，需在描述和经验总结等定性分析的基础上，结合定量的数理模型进行科学测度和模拟。本书对城市间对外服务流的构建是在考虑服务价值大小和相互作用距离的基础上，结合城市自身服务规模构建的对外服务流测度模型。这一模型的构建使得长时间序列的城市间服务联系得以重构，一定程度上弥补了城市之间矢量数据缺少的问题。

3. 空间格局分析

以地理信息技术为支撑的空间格局分析可以发现隐藏在空间数据中的重要空

间信息和规律。本书在构建长三角地区不同年份交通路网数据、测度对外服务功能、构建相互作用网络的过程中，采用空间插值、数据分级显示等地理信息技术以分析各要素的空间分布与集聚规律，直观地反映其空间格局的演变特征。在建立时间可达性矩阵的基础上，借助多维尺度分析(multidimensional scale，MDS)进行探索性空间分析，旨在描述城市不同时期的空间格局特征，揭示其空间依赖性、聚簇及异质性分布的空间模式。

4. 复杂网络分析

复杂网络分析是有关不同主体之间关系及其关系网络结构的分析方法。复杂网络的数据类型包括拓扑网络(仅考虑连与不连的二值情况)和权重网络(连接强度的强弱情况)两种类型。本书研究的城市群落内部联系是一种有向权重网络，也可以通过二值化得到拓扑网络。不同数据类型可实现城市群落多种特征的揭示，如基于城市关联权重数据对不同内容层面的城市流进行节点特征分析、流量变化规律、流动网络分析、群态结构模式识别等，基于二值化后的城市关联拓扑数据可以运用复杂网络分析工具分析城市间拓扑网络的整体网特性、中心性特征、凝聚子群、不同拓扑网络间关联性、结构洞与中间人挖掘等，定量揭示城市间群聚结构特征。

本书采用复杂网络分析方法对建立的城市服务联系进行测度与分析，利用网络分析工具 UCINET6.0 对城市群落组织网络的关系性数据进行处理，使用 NetDraw 功能绘制城市群落关系结构图。重点考察对外服务网络的节点关系和整体结构特征两个方面，具体指标如表 1.2 所示。计算公式中符号具体含义如下：$C_{\text{out}i}$、$C_{\text{in}i}$ 分别为城市 i 的流出度和流入度；V_{ij} 为从城市 i 流向城市 j 的服务量；V_{ji} 为从城市 j 流向城市 i 的服务量；C_i 为城市 i 的中心度；D 为网络密度；Q 为网络内的路径数目；n 为网络中的节点个数；L 为平均路径长度；d_{ij} 为两城市间最短拓扑距离；m、n 为不同网络中的节点个数。

表 1.2 网络分析指标

评价指标	计算公式	公式序号	指标含义
流出度	$C_{\text{out}i}=\sum_{j=1}^{n}V_{ij}$	(1.1)	结果数值越大，城市的流入度、流出度和中心度越强，在网络中的地位越高
流入度	$C_{\text{in}i}=\sum_{j=1}^{n}V_{ji}$	(1.2)	
中心度	$C_i=C_{\text{out}i}+C_{\text{in}i}$	(1.3)	
扩散指数	$S_i=(C_{\text{out}i}-C_{\text{in}i})/C_i\times 100\%$	(1.4)	数值越大，扩散功能越强
网络密度	$D=\frac{Q}{n(n-1)}$	(1.5)	数值介于 0～1，结果数值越大，网络密度越高
平均路径长度	$L=\frac{1}{n(n-1)}\sum_{i\neq j}d_{ij}$	(1.6)	结果越小，网络的易达性越好，群落运行效率更高

续表

评价指标	计算公式	公式序号	指标含义
平均服务流量	$\bar{V}=\dfrac{\sum_{i=1}^{n}\sum_{j=1}^{n}V_{ij}}{Q}$	(1.7)	结果数值越大，该网络平均流动强度越大
服务量占比	$r=\dfrac{\sum_{i=1}^{n}\sum_{j=1}^{n}V_{ij}}{\sum_{i=1}^{m}\sum_{j=1}^{m}V_{ij}}\times 100\%\quad(n\subseteq m)$	(1.8)	度量各子网络的重要性，结果数值越大，子网络越重要

5. 可达性分析方法

本书对长三角地区可达性的分析主要从欧氏距离、路网距离、时间距离三方面展开，不同距离的计算方式不同，得出的空间格局反映出不同侧面的区域可达性特征。

(1)欧氏距离。欧氏距离是一个通常采用的距离定义，在二维和三维空间中是指两点之间的实际距离。本书主要利用 ArcGIS 软件的点对点测度工具进行城市与城市之间直线距离的测算。

(2)路网距离。路网距离是以不同年份交通路网数据为基础，将不同类型道路网络均视为同等可达条件的路线，调用 ArcGIS 软件网络分析模块进行 OD 最短路径分析，得到城市之间最短路网距离。

(3)时间距离。时间距离是在考虑最短路径的基础上，将交通工具的速度也考虑进来，以最快抵达目的地为路径选择依据，测度城市之间的可达性程度。参考《中华人民共和国公路工程技术标准》(JTG B01—2003)，结合长三角地区道路类型和等级，设定铁路、高速公路、国道、省道、轮渡速度分别为 90 km/h、120 km/h、80 km/h、60 km/h 和 15 km/h，将最短空间距离转化为最短时间距离。2008 年以后高铁这一运输方式在长三角城市群的客货运输比重增大，且均为点对点式的联系，因此从中国铁路官网获取高铁相互联系最短时间数据（获取时间：2015-04-18）。该年份的交通矩阵综合了两类时间距离数据中的最短时间，获得综合最短时间距离矩阵 $\boldsymbol{T}=(\boldsymbol{T}_{ij})$，其中 $\boldsymbol{T}_{ij}$ 为城市 i 到城市 j 的最短时间距离，单位为 h。

基于上述不同方式的距离计算结果，利用可达性计算公式，得到节点到其他所有城镇的最短欧氏\路网\时间距离的总和。距离越小，地区可达性状况越好，距离越大，可达性状况越差。具体计算公式为

$$A_i=\sum_{j=1}^{n}T_{ij}\tag{1.9}$$

式中，A_i 表示区域内节点 i 的可达性，j 为区域中的节点，n 表示节点数目，T_{ij} 是从 i 点到 j 点的最短欧氏 \ 路网 \ 时间距离。

1.6.2 技术路线

本书从城市群落的差异化结构出发，按照格局—机制—模式的研究思路，结合具体研究对象——对外服务联系进行深入研究。具体的技术路线、工作流程和章节安排如图1.3所示。

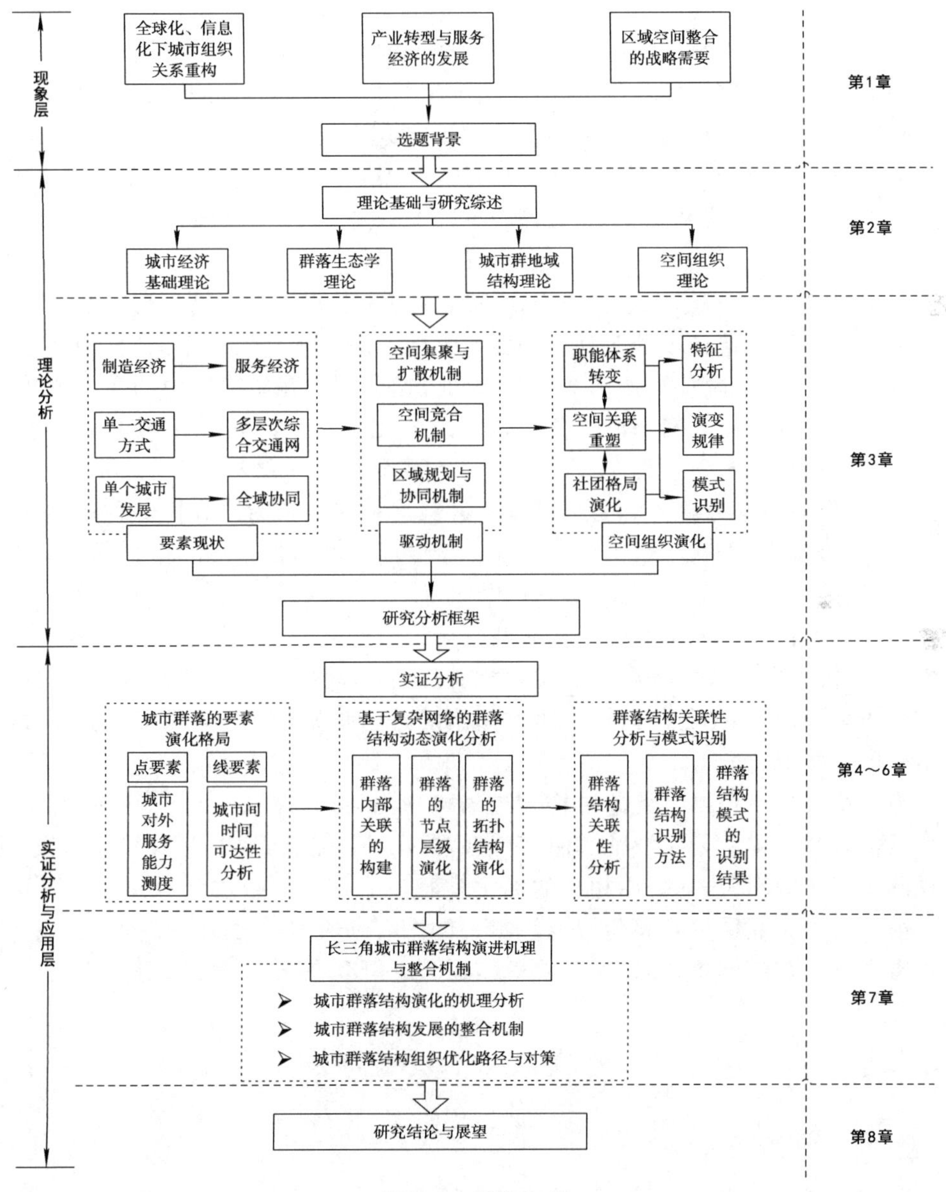

图1.3　研究流程

本书共八章，主要章节安排如下：

第1章为绪论。从全球城市发展与空间组织的新形势和趋势出发，阐述开展城市群内部结构与组织演化研究的必要性，结合长三角地区的现实状态和政策背景，明确本书研究的迫切性和实用性。在此基础上提出本书的科学问题、研究意义、基本概念、研究思路与研究内容，对研究区概况和数据来源进行介绍，并对本书所用研究方法和技术路线进行梳理。

第2章为国内外相关研究进展。围绕城市群发展及其空间组织研究、群落生态学与群落结构研究、城市对外服务能力研究进行综述，归纳和总结相关研究的特点，对现有研究进行点评，并以此提出本书的研究切入点。

第3章为城市群落结构动态演进的理论框架。首先构建城市群落结构动态演进的理论基础，对经济基础理论、区域空间结构理论、城市群地域结构演进理论和群落生态学理论进行回顾、梳理与评价，在阐明群落结构的关键载体和群落结构与复杂网络对应关系的基础上，确立城市群落结构动态演进的理论分析框架。

第4章为长三角城市的对外服务能力测度。通过城市流模型测度研究单元的对外服务能力，并从统计特征和空间分布两方面分析其在研究期内的变化情况。

第5章为基于复杂网络的群落结构动态演化分析。以相互作用理论为基础，通过相互作用模型构建三类对外服务作用下城市群落内部相互关联，形成生产性服务群落、生活性服务群落和公共性服务群落。利用复杂网络分析工具，从整体演变特征、节点特征、垂直和水平结构特征三个方面对城市群落结构的分异及演化进行剖析。

第6章为长三角城市群落结构关联性分析与模式识别。从整体网络和节点功能出发，分析三类对外服务网络的结构相关性(同构性)。构建城市群落结构的识别方法体系，对不同年份的区域城市空间格局进行识别，并叠合其他要素，进行群落结构模式的演化分析。

第7章为长三角城市群落结构演进的机理与策略探讨。根据不同时期、不同类型城市群落结构差异化特征和演变趋势，挖掘城市群落结构演进的影响因素，指出现阶段存在的问题，并提出相应的优化对策。

第8章为研究结论与展望。围绕本书的主要研究结果以及创新点进行总结，并指出本书存在的不足，探讨城市群落结构演进研究在未来所需要进一步拓展、完善的方向。

第 2 章 国内外研究进展

本章主要对城市群体空间结构、城市群落、产业转型与服务业发展等国内外相关研究进展进行梳理和评述，明确国内外关于城市群体空间演变及对外服务功能演化研究的重点，奠定本书的研究基础，为后文的实证研究提供理论支撑。

§2.1 城市群体空间结构研究

作为城市工业化与城镇化发展到高级阶段的产物，城市群体空间结构及其演化规律的研究一直是城市地理学研究的热点和核心内容（方创琳，2014）。自 19 世纪末期开始，学者们对城市在区域范围内集群式发展的现象始终保持着高度关注，在实践和理论研究中先后提出了城市群体（town cluster）、集合城市（conurbation）、都市区（metropolitan district）、城市区域（city region）、城市带（megalopolis）、城市群（urban agglomeration）、都市圈（metropolitan area）、全球城市（global city）等概念，就其宽泛意义上的结构特征而言，上述地域概念的总体特征都是在描述与单体城市相对应的城市群体空间（薛东前 等，2003）。有关城市群体空间组织的研究经历了对城市集群化发展的认识深入和研究视角扩大的发展历程，主要表现在：一是由地理空间向流动与地理空间相结合的视角转变；二是由城市等级体系研究向网络化结构研究转变；三是由单一学科背景到多学科交叉分析的应用。

2.1.1 国外研究进展

国外有关城市群结构的研究最早可追溯到 1898 年，霍华德最先提出城市群体（town cluster）的概念，设想了一个由六个单体田园城市围绕中心城市构筑而成的城市集群，其结构呈行星体系状。在最初的城市群体空间结构的特征描述中，邓肯、克里斯泰勒等从系统的角度对城市群体结构系统进行抽象研究，分别引入了“城市体系”的观点和揭示了理想状态下市场、交通、行政等多原则驱动下形成的正六边形城市等级体系（许学强 等，2009；Christaller et al，1966）。杰斐逊、齐夫提出了城市首位律和齐夫（Zipf）定律，作为对城市规模分布规律的概括。这一时期有关城市集群化发展的概念和理论是城市群研究的起源，受当时技术条件和认识的限度，对城市群结构的分析较为抽象，城市群结构的演化及动力机制研究也相对简单（Giesen et al，2009；Soo，2005）。第二次世界大战后，社会经济的飞速发展使得城市化进程有了巨大进展，城市群空间形态和结构发生了很大变化，西方学者开始重视城市群体结构演化过程的理论总结以及城市群体内部关联机制的揭示。如现代空间扩散理论、空间相互作用理论、“核心-边缘”理论、“极化-涓滴”效应等理论和机制的提出揭示了区域城市群体在不均衡经济增长现象中的相互作用规律(Casetti,1969; Ullman,1957)。Haggett 等(1977)则在现代空间扩散理论基础上提出城市群空间演化过程模式。弗里德曼通过结合罗斯托的经济发展阶段理论提出的区域内城市由孤立到相互关联、不平衡发展到平衡发展的演化模式等(John,1973)。城市相互关联的研究也开始出现，但其研究主要基于区域范围的核心—腹地关系探讨，对其结构的分析较为笼统，对城市群结构的演化及动力机制研究也相对简单。

1980 年以来，以经济全球化和信息技术为标志的信息革命极大地促进了城市群结构的演变，城市依托经济交换和金融流动越来越多地参与到世界范围的分工中来，由此也导致地方空间组织分化、城市群结构多元化和关系复杂化的态势越加明显(陈修颖,2009;高鑫 等,2012)。在这一背景下，基于传统等级体系和规模属性的研究视角无法真实反映城市群空间结构的发育状态，城市群结构研究出现“网络化”转向，学者们将具有网络结构特征的社会经济问题与不同地域环境下的社会模式、行为动力、体制环境联系起来，探讨城市网络的发展动态、全局特征和全球化影响(Bathelt et al,2014;Batty,2013;Burger,2011;Castells,1999;Derudder et al,2008;Dicken et al,2001; Taylor,2005,2014; Wall et al,2011)。如 Friedmann (1986)认为城市与世界经济整合的程度及其在新的国际劳动地域分工中的地位，将决定城市的功能与结构重组。基于此，他提出了世界城市体系的概念。Castells (1996,2010)提出用“流空间”来描述现代信息与通信科技发达情景下城市间的功能关系，认为在全球化的过程中，城市将逐渐成为全球经济运行链接(金融流、货物流和信息流)的重要节点。Taylor 等(2004,2009)则主张在研究当今世界的城市与区域空间时要用“中心流”理论(central flow theory)来补充原有“中心地”理论。Sassen(2002)发现中心城市在成为全球城市网络核心的同时正逐步与自己的传统腹地分离开来。Harvey(1973)则在其空间生产的理论中强调了尽管实体结构具有一定程度的韧性和不可移动性，但随着经济空间阻力的减少和边际效应的提高，城市群体结构必然会被更新。实践方面，Taylor 和全球化与世界级城市研究小组与网络组织(Globalization and World Cities Study Group and Network, GaWC)先后通过法律服务公司网络、航空流网络、高级生产性服务业的网络、高档酒店的分布、高等教育机构的分布、全球性媒体的分布等途径构建了世界城市网络(world city network model, WCN)模型(Taylor et al, 2013)。此外，以 Peter Hall 为首的 POLYNET 课题组以欧洲 8 个大都市区为研究对象，探讨了大都市区系统内城市间知识网络、贸易和生产网络等，对多重网络中的城市节点进行了实证分析

(Hall,2006)。

2.1.2　国内研究进展

国内城市群结构研究出现时间相对较晚,但也经历了相似的发展过程。自1980年以来,国内学者在引进西方相关研究领域成果的基础上,对我国城市群体空间结构进行了大量本土化实证研究,在结构特征及模式总结、影响因子与驱动机制、管理与调控等方面都取得了众多研究成果(胡序威,1998;李王鸣 等,1998;宁越敏 等,1998;谢守红,2004;姚士谋 等,1998;张京祥 等,2002;朱喜钢,2002)。在城市群体空间结构特征实证及模式总结方面,学者们从资源环境差异、城镇体系分布形态、基础设施建设、能源动力基础等方面探讨了全国城镇体系的类型划分,并在城镇体系研究领域建立起"三结构一网络"的理论研究和规划实践操作范式(樊杰 等,2005;方创琳,2014;宋家泰 等,1988;孙斌栋,2009;王成新 等,2004)。基于劳动分工和工业生产组织理论,探讨了城市经济区形成的基本原理(宁越敏 等,2011;薛凤旋 等,1997;叶玉瑶,2006;周一星 等,2003;朱英明,2004)。以城市群体演化为基点,对城市群体形态结构、类型和演化规律予以阐述,归纳出城市群体结构与形态类型演化的相关模式(宋吉涛 等,2006;张京祥,2000;周春山 等,2013)。对城市群体结构的研究采用了多种分析方法,如主成分分析、聚类分析、图论、ESDA-GIS 探索性分析、RS-GIS 空间分析、分形维数等方法(顾朝林,1991;刘继生 等,1998;马荣华 等,2007;马晓冬 等,2004;王开泳 等,2008;杨山 等,2009)。在实践基础上,城市空间组织模式不断创新,如地理学家陆大道(1995)、陆玉麒(1998a)、魏后凯(1998)提出的"点-轴"模式、"双核结构"、网络开发模式等在增长极理论的发展延伸基础上,提炼出城市群体组织开发模式,为我国沿江、沿边城市与区域中心城市的合作发展提供了理论支撑。

2000年以后,网络化空间结构研究成为城市地理学与经济地理学的热点。相关学者创新性地吸收运用复杂网络的研究方法,对城市经济网络进行了多个层面研究,取得了丰硕的成果(沈丽珍 等,2009;石崧 等,2005;汤放华 等,2013;唐子来 等,2009,2010;汪明峰 等,2004,2007;郑蔚,2015)。根据研究的主要对象,可以将其概括为两类,即经济联系网络研究和空间联系网络研究:①经济联系网络研究主要是指以区际要素流动、贸易联系、合作关系、产业集群、区域创新等网络为研究对象的相关研究。如杨友仁等(2005)、武前波等(2012)、金钟范(2010)以信息电子业为例,分析其本地集聚供应链企业间交易关系的本质和组织网络的治理模式,以探讨全球生产网络地域性集聚的经济地理意义;路旭等(2012)、赵渺希等(2014)、吴康等(2015)、武前波等(2010)均在企业关系型数据库构建的基础上,将跨国企业的母公司与子公司之间的组织联系作为城市经济网络联系强弱的衡量;冷炳荣等(2011)、李亚婷等(2014)、钟业喜等(2016)利用区位熵、城市流等模型计算城市间经济联系，并据此考察城市经济联系的复杂性结构特征；贺灿飞等(2005)、蔡宁等(2006)、王茂军等(2011)将经济产业集聚与地理区域集聚的相互促进用一种动态思想理论来解释，将特定地理范围内的多个产业视为相互联结的共生体，量化分析产业间组成的网络结构特征；汪涛等(2011)、刘承良(2017)基于论文和著作者信息的统计数据，对省级层面、全球层面的知识创新网络进行了结构特征分析与邻近性机理挖掘。②空间联系网络研究则是指以跨区域的基础设施网络(铁路、公路、航空等网络)为对象的相关研究。如王姣娥等(2009)、莫辉辉等(2010)、武文杰等(2011)利用航空流拟合城市与区域关联关系，分析了城际航空网络结构特征；朱桃杏等(2011)运用复杂网络分析法对京津冀区域铁路交通网络结构进行研究发现，该地区各城市铁路出行线路联系密切，整体连接格局和联系水平与各城市经济发展水平基本保持相关性和一致性；陈伟等(2017)利用公路客运流刻画中国城市网络功能结构和区域效应，并对其空间组织模式进行特征提取和规律挖掘；汪德根等(2015)以旅游流为研究对象，探讨了区域旅游流空间结构的高铁效应及特征；董超等(2014)、甄峰等(2012)通过社交平台的好友关系、内容互动、签到、手机短信、通话等大数据对不同地域的城镇体系进行探讨。研究发现，与经济相关的要素流动对城市群实体结构的塑造作用越来越强，且各要素结构之间异化的集群数量、规模和空间格局正促使城市群内部结构呈"嵌套式"发展，网络结构的动态化、复杂化给城市群空间结构的分解、挖掘提出了新的难题(汪明峰 等，2007；王士君，2019；Fang et al，2017)。

§2.2 群落生态学研究

2.2.1 概念建构

生态学视角是城市地理学理论中重要的研究方向之一。城市生态学作为一门比较成熟的交叉学科，其研究以城市为对象，侧重于从生态角度研究城市的某种矛盾和运动过程(刘力，2001；鲁敏 等，2002；马交国 等，2004)。城市生态学源于帕克、伯吉斯等人于20世纪20年代创立的人类生态学，他们以社会现象来类比生态世界，如帕克认为"城市人类在竞争与合作中所组成的各类群体相当于动植物群落"，支配自然生物群落的某些规律同样也可以应用于城市人类社会(惠特克，1977；Park，1915)。20世纪50年代以后，城市生态学随着城市问题日益增多和严重而大规模发展起来，随着研究内容的拓展，城市地理学与该学科交叉深化，两者的研究均取得了很大进展。代表性的成果如城市生态学对城市地理学家研究城市地域结构、建立地域结构模式产生了重大影响，并使之成为城市地理学的研究内容之一；生态学的"系统"和"平衡"思想为城市地理研究所吸取，并融入有关城市体系、城乡关系、城市的吸引力和辐射力等研究之中(欧阳志云 等，1995；许学强 等，2009)。

事实上，前期的城市生态学以单个城市内部的自然环境与人工环境、物理生物过程与社会经济过程之间的相互作用为研究对象，对多个城市所组成的城市群落研究较少(马交国 等，2004；Calthorpe，1993；Freeman et al，1970)。随着城市间相互作用、城市竞争增加和范围扩展，不同层次的城市在其异质性环境中形成"城市群落"。大到覆盖整个地球表面的全球城市网络，小到城市中相对独立的特别功能区，在形成和发展过程中有着类似的规律，在空间组织上有着很强的连贯性。因此，许多城市地理学者将生态学中的群落引入城市群体的研究中来，将城市群体作为一个有机的群落系统和一个复杂的自组织系统(Chen et al，2010；Zhang et al，2014)，从群落生态学的视角来探讨城市群落的结构特征和分异规律，从而对城市群结构研究方法进行探索和创新。如陈绍愿等(2005a)、段祖亮等(2011)尝试运用群落生态学的理论、方法来构建城市种群间的关系、城市群落的结构特征及城市群落演替的研究框架，为城市群落的研究提供了基础框架。邹仁爱等(2005)根据生态学理论研究区域旅游的空间关系，提出旅游地群落的概念，探讨旅游地群落的形成条件、基本特征以及理论内涵，并分析旅游地群落的空间关系类型。李浩(2008)从城镇群落空间环境的选择、空间要素的构成、空间形态的类型和空间关系的组织等几个方面研究城镇群落的自然演化规律。此外，陈绍愿等(2005b)还针对城市个体与周围其他城市之间的共生现象做了深入探讨，对城市共生发生的必要条件、充分条件和均衡条件进行了解析。

2.2.2　实证研究

在理论框架构建的基础上，部分学者开始利用生态学中的共生理论、生态位理论实证分析城市群落内部的相互关系(曲亮 等，2004)。如张怀志等(2016)以生态学中 logistic 模型为基础，建立描述城市群落内城市相互作用关系的理论模型，分别讨论了两种城市群落能否实现生态均衡、均衡是否稳定，以及稳定的条件；马永俊运用共生理论分析了金华城镇群之间共生发展的现状和存在的问题，并提出解决方案；段祖亮等(2013，2014)依据生态位理论，以天山北坡城市群为研究对象，根据城市生态位宽度模型、分异指数模型和重叠指数模型，分析了该城市群中各城市生态位空间宽度、生态位结构变化及其相互作用关系；吴志强等(2015)从创新性联系的角度，通过创新引力和外向创新联系度，来观察长三角创新城市群落的组织特征和空间网络；王钊等(2018)借助复杂网络分析工具，从城市群落的节点特征、垂直和水平结构、不同群落结构间的相互关联三方面，实证分析了长三角地区在不同要素层面下形成的多层次群落结构及其状态。

除利用生态学理论分析城市间关系的研究外，还有学者将城市群落和所处的环境作为研究对象，分析群落与所处环境的相互关系(石忆邵 等，2000)。如杨一帆(2006)认为基础设施是城市群落各项功能的支撑系统，是城市发展重要的物质基础，在此基础上分析了基础设施的引导作用、支撑作用和渗透作用；张建伟等(2008)以城市群的生物群落特征和进化特征为依据，构建了一个根植于特定经济、文化、政治区域的生态系统，并以此为理论分析范式对中原城市群进行了实证分析，重点关注了研究区域的外围环境、适应能力、协调机制的优势和不足，如图2.1所示。在生态学分析基础上，不少学者根据区域发展和生物群落发展的原理，提出相应的区域发展策略，从新的角度为城市发展的前景及其在城市群中的具体定位提供了实践路径。如陈自才等(2006)根据区域发展和生物群落的密切相关性，提出了基于生物群落原理的产业集群战略和城市群发展战略；陈绍愿等(2016)将城市竞争生态位理论应用到城市竞争策略的研究中去，从生态智慧的角度对城市竞争策略进行重新解读，指出现代城市应当通过错位竞争策略、选择性变异策略和互惠共生策略来实现城市间的共存共荣；李浩(2008)则以成渝地区为案例实证了城镇群落的发展演替规律，提出了城镇群落规划调控对策。

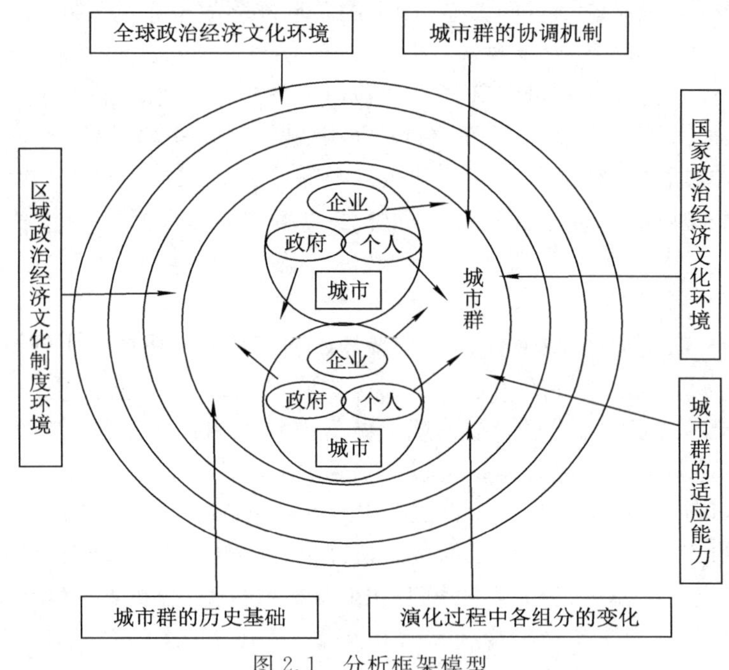

图2.1　分析框架模型

§2.3　城市对外服务相关研究

2.3.1　服务业发展与服务功能演化

作为全球产业与市场整合的黏合剂，服务业有着传统制造业所无法比拟的特殊功能和重要地位,是经济一体化发展的关键一环(李逢春 等,2013;Bryson et al,2004)。20 世纪 70 年代以来,随着世界经济结构呈现出"工业经济"向"服务业经济"转型的趋势,服务业经济引起学者们广泛关注。与地理学相关的研究内容主要集中在服务业空间格局方面(蔡翼飞,2010;刘曙华 等,2007;张旺 等,2012;Coffey,2000),该内容以生产性服务为重点关注对象,实证研究包括两个层面:①区域层面,即从区域、国家乃至全球尺度出发,探讨服务业在区域城镇体系或世界城市网络体系中不同等级城市之间的空间集聚特征。Daniels(1991)基于区域尺度分析了欧盟服务业发展的空间差异;O'Connor 和 Hutton 对亚太地区的研究发现,生产性服务业发展对都市区等级结构和城市形态具有重大影响(O'Connor et al,1998);李佳洺(2010,2014)采用区位基尼系数和空间自相关性分析,挖掘生产性服务业内部不同行业的集聚特点,并得出城市群内各城市职能分工和互补性状况。②城市内部层面,即探讨服务业在城市内部的集聚态势以及不同行业类型服务业空间集聚的差异性。Taylor 等(2003)对伦敦服务业的空间集聚研究中发现,不同类型的生产性服务业空间集聚态势存在明显差异;Boiteux-Orain 等(2004)对巴黎服务业空间特征的分析中发现生产性服务业郊区化特征明显,信息技术发展是其主要驱动因素;张景秋等(2011)以城市办公空间的行业分布为研究对象,发现各行业空间分异特征显著;邱灵等(2013)基于大样本企业数据进行空间集聚测度,发现北京市服务业区域集聚程度存在时间波动性和行业异质性;方远平等(2009)采用服务业四分法,发现广州市服务业区位特征呈"多中心集聚"模式;邵晖(2008)基于计量分析得出北京市金融业、信息咨询业、计算机服务业三类生产者服务业的聚集特征。

在我国服务业整体保持迅速增长的同时,服务业内部各分支行业也呈现出不同的阶段性发展特征,在空间上呈现出较大的差异性,城市服务功能也不断演化(史丹 等,2013;王建军 等,2004;闫小培 等,2005;Johnson,2000)。国内学者从服务业内部结构的分异格局出发,取得了丰厚的研究成果。李善同等(2014)通过区位基尼系数、区位熵、集中率等指标,对我国城市服务行业空间分布的特点和演变趋势进行分析,得出生产性服务业最具规模化和集聚化特征,集聚水平最高且呈现不断上升的趋势,生活性服务业的集聚度略低,且追随人口而布局,而公共服务业呈现更加均等化趋势;顾伟男等(2017)分析了我国 35 个中心城市的服务业规模、结构和效益,指出生产性服务业整体专业化水平不断提升,且优于生活性服务业;申玉铭等(2015)对中国 20 个城市群 32 个核心城市的服务业专业化程度、外向服务功能进行分析发现,核心城市服务业对外服务功能与城市规模等级具有显著相关性,生产性服务功能主导型城市占多数,仅少数城市属于生活性服务功能主导型以及生产性和生活性服务功能并重型,且生产性服务业空间集中度普遍高于生活性服务业;李慧中等(2007)基于功能性划分的服务业部门对长三角服务业结构和空间布局的研究发现，长三角服务业结构层级表现出以上海为龙头或增长极、省会城市和中心经济城市紧随其后的态势，在空间上则呈现出不同层次都市圈构成的雁阵、点线布局；席强敏等(2016)对京津冀服务业空间分布进行了分析，分别揭示了生产性服务业、生活性服务业和公共服务业等不同类型服务业在京津冀的空间分布特征与问题。

此外，大量的研究证明，服务业的不均衡发展对区域经济、城市等级体系及空间组织产生深远影响，正逐步成为城市群体发展和城市功能提升的重要影响因素(宋吉涛 等，2009；王缉慈，2010；张蕾 等，2013；张少华，2013)。如陆遥(2012)在分析产业链空间离散化效应与产业梯度转移研究中发现，企业的跨区域扩张和生产要素的空间流动及其由此形成的产业链空间离散演化特征使得区域间的联系不断加强，如果加以正确的引导，在异质性大国内构筑跨区域联盟的特色产业链群，就会成为推动区域协调发展的重要动力；刘建朝(2013)则认为城市群城市之间交易规模是由产业专业化程度决定的，空间离散的产业链环由于产业之间存在的耦合关联，迫使要素和价值跨城市流动和传递，即要求城市之间进行产业合作，并以此形成了产业跨城市的空间联动基础；周小锋(2013)在分析产业驱动城市群空间组织演化中指出，城市群空间组织可以理解为城市群经济活动的空间过程，而产业空间运动与城市群演化在时空上是高度耦合的；徐浩鸣(2015)提出应注重区域中心城市产业升级与区域经济合作的关联性，系统性构建开放环境下区域经济合作的微观理论基础，在统一研究框架内对区域经济合作的内在经济机制进行系统而深入的研究；宣烨等(2014)从生产性服务业发展过程中呈现的层级分工典型特征与趋势出发，实证检验了生产性服务业层级分工对制造业生产率提升的影响，证实通过专业化分工和空间外溢效应以及比较优势的发挥能显著提升制造业生产效率。

2.3.2 城市对外服务能力研究

城市对外服务能力研究在20世纪90年代由西方引入国内，经过不断改进，现多从质性(问卷调查、实地调研)和城市流模型两类方法对城市服务能力进行测度，其中从区位熵角度构造的城市流强度模型得到广泛运用。在能力测度的基础上，众多学者从对外服务能力的空间格局、分形特征、空间结构体系等方面进行了多尺度研究(Derudder et al，2004)。在全国层面上，柯文前等(2014)综合运用城市流强度模型、改良 Theil 系数和 K-means 时空聚类法对2004—2010年中国286个地级以上城市对外服务能力的时空演变特征进行了探讨；郭建科等(2102)以货运量为切入点，把城市流模型改造为城市货运外向服务功能模型，测算了我国地级以上城市货运外向服务功能的空间分布规律和等级结构；柳坤等(2013，2014)从城市经济基础理论出发，采用 Zipf 定律和差异度指数，分析了2003—2011年中国省域尺度和城市尺度下的生产性服务业外向功能空间格局、等级体系及分形演化特征。在城市群层面上，王海江等(2010)通过中国 13 个主要城市群的城市流强度与结构分析，从城市流视角探讨中国城市群对外服务功能空间分布特征及其增长情况；王士君等(2011)采用城市流强度的定量分析方法，对东北三个城市群组“辽中南”“吉中”“哈大齐”的区位熵、外向功能量和城市流强度进行了计算分析，并基于此提出了城市群组的城市流强化与城市整合对策；刘玮辰等(2016)基于城市流强度模型测算 2000 年以来长江经济带 126 个地级以上城市在全国范围内的对外服务能力，进而采用改良锡尔系数、马尔可夫链和探索性空间数据分析(exploratory spatial data analysis，ESDA)方法对城市对外服务能力的时空演变特征进行了探讨。在市域层面上，樊杰等(2005)以银川为案例城市，通过不同领域的实际调研数据，对银川市城市中心职能的特征与成因进行了科学诊断，归纳并探讨了区域性中心城市服务功能的变化趋势和西部地区强化中心城市服务功能的主要途径；阎小培等(2005)以广州为例，采用质性方法探讨其服务范围、服务对象及服务销量分布三方面的特征，并从供给水平和市场需求两个角度对广州生产性服务业的外向功能特征进行了阐释。

§2.4　研究评述

有关城市群体结构的研究一直是城市地理学和经济地理学的热点，加之新时期各地区出现的网络化发展趋势，如何挖掘城市群体网络结构的动态化、复杂化特征已成为地理学前沿课题。众多学者在该领域进行了开创性的探索，总结、形成了一系列城市群结构分析的模式与方法：一是以描述性分析为主，对初期的等级式层级结构进行分析；二是以位序-规模分布、经济腹地的划分与组织、核心-边缘的划分、空间相互作用模型、城市联系强度计算为手段，对改革开放以来城市体系的结构变动进行分析；三是以图论和复杂网络研究为分析工具，对全球化与地方化交织下的城市网络体系进行分析与对比。研究尺度包括城市内部、区域、国家乃至全球尺度，多层次、多维度的实证研究为城市群体结构研究带来了方法论突破和理论创新。

但是，从城市群体空间研究的整体来看，相关研究仍然存在一些不足和缺陷，主要表现在以下几个方面：①从理论角度来看，有关城市群体空间的结构特征、城市之间的关系以及城市群成长路径和动力机制等方面的理论缺乏新的视角。现有研究多集中在城市群体空间的静态特征及结构状态描述上，对城市群体空间的动态研究及演进理论提炼有待进一步深入。②从研究内容来看，大部分关于城市群体空间结构研究是从宏观层面进行的，对于城市内各个维度和各个层面要素形成的复杂集群结构及结构间的耦合机理缺乏系统性的整合框架。在服务业以往的研究中，多从与生产关联密切的生产性服务业的视角进行，研究公共服务业与生活服务业的较少。

因此，如何将全球化和信息化背景下城市间多元结构和动态演进机制结合起来，挖掘城市群体内部集群结构的动态多样性和结构成因多源性，成为本书研究的重要出发点；加之我国的城镇化是在社会主义市场经济体制转轨中逐步实现的，由于行政体系的垂直管理和行政区界线等体制性因素的影响，城市间的作用强度和方向发生了巨大的改变，由此形成的城市群体结构演进特征和机理无法通过西方市场经济下的城市群空间结构理论进行完全解释，这也使得未来有关城市群结构的研究需要进一步深化和实践总结（柴彦威 等，2014；陈明星，2015；陆军，2010；马润潮，1999；周蕾 等，2014）。

基于以上分析，本书拟借鉴生态学中“群落结构”的概念，通过多个维度和层面构建的复杂网络结构将城市在对外服务流作用下形成的多种城市集群系统地整合到群落结构体系中，研究各种群落之间的结构特征和关系构架。尽管已有研究对“群落结构”概念框架进行了构建和初步实证，但未能对城市群落的复杂结构特征、模式进行量化挖掘和深化探讨，城市群落系统的结构演进规律也有待深入研究。通过对长三角地区城市群落结构的构建与分析，为研究城市群的结构组织和发育演进规律开辟新的“路径”，在科学抽象基础上进一步提高对城市群空间结构的认识。

第 3 章　城市群落结构动态演进的理论框架

城市群落结构的动态化、复杂化、嵌套式发展给群落结构的分解、挖掘提出了难题。经济基础理论为从服务经济角度突破城市群落结构研究提供了理论基础，可通过对外服务联系这一关键要素构建出城市群落中复杂的功能性结构体系。区域空间结构理论和城市群空间结构演进理论为解释城市群落内部多元结构演变现象提供了理论支撑。城市群落理论则为城市群落演进的动力机制、城市间关系演替和城市群落发展策略制定提供了理论源泉。

本章对经济基础理论、区域空间结构理论、城市群落地域结构演进理论和群落生态学理论进行回顾、梳理与评价，奠定本书研究的理论基础，并在阐明群落结构的构成、复杂网络与群落结构对应关系的基础上，构筑城市群落结构动态演进的理论分析框架。

§3.1　理论基础

3.1.1　经济基础理论

城市经济基础理论是根据对外输出比较利益的观点解释城市经济增长的来源，是城市地理学中的经典理论，是城市发展机制与过程的理论总结以及对其进行研究的理论工具(Hoyt et al，1939)。1939 年，霍伊特(H. Hoyt)等在发展前人研究的基础上提出城市发展的经济基础理论，后来经过学者大量研究验证，该理论不断成熟完善，已成为城市经济学中的经典理论。它被广泛应用到城市发展的机制、过程的解释以及城市经济活动、就业状况的研究中。城市经济基础理论的基本内容是，按照“对外”和“对内”功能把城市全部经济活动分成基本和非基本经济活动两大部分。基本经济活动主要为城市以外的地区服务，通过产品和劳务的输出，为城市带来收入，并以“乘数效应”推动城市经济的增长与扩张，因此成为城市存在和发展的经济基础，是城市发展的主要动力。非基本经济活动主要为城市自身的运行服务，其发展以城市本身的需要为基础。经济基础理论强调基本经济活动是城市发展的经济基础和主要动力，通过分析基本经济活动对整个城市经济活动所产生的“乘数效应”来解释城市发展的机制和过程。在运用经济基础理论分析的过程中，最为重要的是划分“基本/非基本部分(B/N)比”。在众多研究实践中，运用较多的方法有区位熵法、回归分析法、“正常城市”法、投入—产出分析法、产业分离方法、最小需求法等。

在区域发展过程中，主导一个城市的活动，往往是城市的基本活动部分，而城市职能就是基于城市基本活动而提出的概念(许学强 等，2009)。由于各地区要素禀赋(资本、技术、信息、资源等)的差异，不同等级的城市往往形成多层次的职能分工。表现为城市发展水平越高，其所属城市的服务功能和中心性就越强，不同等级的服务中心或不同层次的“核心区域”服务大小不同的区域范围，从而形成具有层次和等级结构的服务供给中心区和需求外围区。这种差异化的区域职能分工迫使要素和价值跨城市流动和传递，形成了城市空间联动基础，促进城市等级体系的形成与优化。

早期的经济基础理论讨论十分重视制造业的地位和作用，认为制造业是城市的基本经济部门，生产“输出产品”，参与区域分工。相对忽视服务业的作用，认为所有服务业活动及其所获得的收入都取决于基本经济活动从外部获取的收入，它们对城市和区域发展的作用是间接的(阎小培 等，1999)。然而，随着产业结构转型升级推进，服务业的地位及作用越来越突出，服务型经济成为策动现代经济增长的主要动能。近年来，针对服务业，尤其是生产性服务业对基本经济部门与城市发展的影响以及出现的新现象，学者们开始思考经济基础理论的新释义(阎小培 等，1999)，如图 3.1 所示：① 城市的经济活动是一个循环往复的过程，由城市向外输出工业、服务业的货物和服务以获得收入，收入的一部分推动基本与非基本经济部门就业和收入增加，另一部分则用于本身的扩大再生产，继续为城市从外部获得更多的收入。②城市经济各部分之间相互依存度提高，人口依赖于就业，工业生产部门也依赖于高质量劳动力的投入，服务活动的生存和发展与生产部门的发展相互依赖(Ley et al，1987)。经济基础理论新模式的区位意义在于，由于城市基本经济活动内容发生变化，服务活动的区位发生分化。一方面，以非基本部分为主的服务活动仍然维系传统的组织形式，其区位仍满足中心地理论；另一方面，属于基本部分的服务活动因大都市发展，服务流的指向已多样化，除传统的由高级别中心指向低级别中心外，还表现为由低级别中心指向高级别中心或同级别中心之间的流动，中心地理论不再完全满足经济活动的区位选择，而是应该引入新的理论进行新的探讨(Daniels，1991)。

3.1.2 区域空间结构理论

区域空间结构理论是研究区域空间结构五大要素在地域上的组合特征及演变规律的理论。区域是社会经济活动空间相互作用而构成的地域综合体，有其特殊的功能和结构。在区域发展的不同阶段，区域内社会经济各组成部分的空间位置关系、集聚程度、疏密关系及其组合形式都存在着差异，一定时期区域经济发展状况可以通过区域的空间结构特征来显示。空间结构理论通常将区域发展看作一种空间过程,认为任何一个区域的发展,总是从一些点开始,然后沿着一定的轴线在空间上延伸。在区域经济发展的不同阶段,各种经济要素在地域空间内流动、分化、集聚、组合形式不同,使区域空间结构呈现出不同的形态。在一定时间内,区域经济空间结构不仅是经济关系在地域空间中的反映,更是各经济要素的空间组合形式。进入 20 世纪以来,区域空间结构理论主要有增长极理论、核心-边缘理论、点-轴渐进扩散理论、梯度推移理论等。

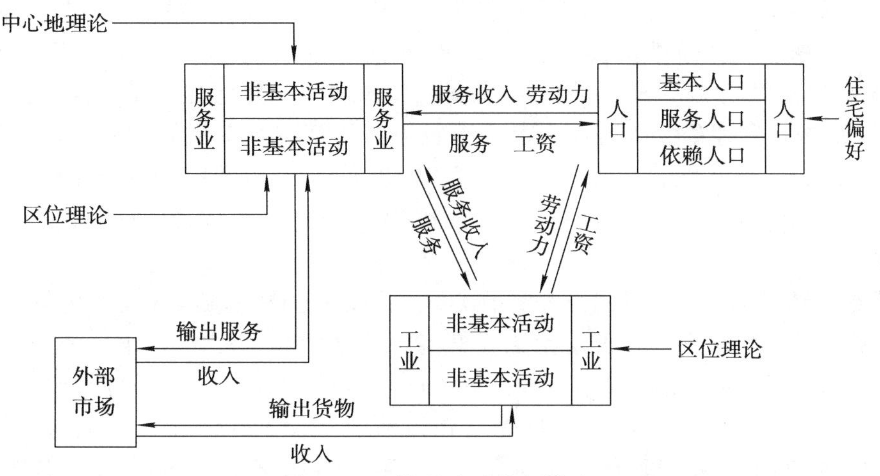

图 3.1　经济基础理论新模式

1950 年,法国经济学家佩鲁(F. Perroux)首次提出增长极理论,该理论被认为是区域空间结构理论的基石,是不平衡发展论的依据之一。他认为增长极是围绕推进性的主导工业部门而组织的有活力的高度联合的一组产业,它不仅能迅速增长,而且能通过乘数效应推动其他部门的增长。因此,增长并非出现在所有地方,而是以不同强度首先出现在一些增长点或增长极上,这些增长点或增长极通过不同的渠道向外扩散,最终对整个经济产生不同的影响。20 世纪 60 年代,法国的另一位经济学家布代维尔对增长极思想做了进一步扩展,他认为增长极不仅是推进型产业及其组合体,也是这种产业组合体所在的城市,创新主要集中在城市的某些主导产业中,主导产业所在地也就成了增长极。这样,不同规模的中心城市构成了空间增长极的等级体系。布代维尔还将经济空间的增长极理论拓展到地理空间之上,把增长极理论发展成为区域城市体系理论(郝寿义 等,2004)。

1966 年,弗里德曼(J. R. Friedmann)在他的学术著作《区域发展政策》一书中正式提出核心-边缘理论。1969 年他在《极化发展理论》中,又进一步将“核心-边缘”这个具有鲜明特色的空间极化发展思想归纳为一种普遍适用的理论模式。核心-边缘理论是解释经济空间结构演变模式的一种理论,该理论试图解释一个区域如何由互不关联、孤立发展,变成彼此联系、发展不平衡,又由极不平衡发展变为相互关联、平衡发展的区域系统。该理论以核心和边缘作为基本的结构要素，核心区是社会地域组织的一个次系统，能产生和吸引大量的革新；边缘区是另一个次系统，与核心区相互依存，其发展方向主要取决于核心区。核心区与边缘区共同组成一个完整的空间系统。

20世纪70年代，Werner Sombart等提出生产轴理论。该理论认为，区域的发展与基础设施的建设密切相关。将联系城市与区域的交通、通信、供电、供水、各种管道等主要工程性基础设施的建设适当集中成束，形成发展轴，沿着这些轴线布置若干个重点建设的工业点、工业区和城市，这样布局既可以避免孤立发展几个城市，又可以较好地引导和影响区域的发展。我国经济地理学者在此基础上提出“点-轴渐进扩散理论”，认为社会经济运行主体大都在点上聚集，并通过线状基础设施联结成一个有机的空间结构体系。“点-轴系统”是点与轴的有机结合，比增长极理论只强调点，更有利于反映社会经济空间组织和其形成的空间结构客观规律（郭腾云 等，2009）。

魏后凯（1997，2007）和杨开忠在点-轴系统理论的基础上，根据区域经济发展的新形势，提出了网络式空间结构理论，认为区域经济发展是一个动态的过程，在发展中呈现出增长极点开发、点-轴开发和网络开发三个不同阶段。网络式空间结构是空间结构的高级形态。在区域经济发展到一定阶段后，基础设施不断完备，网络开发建设能力大大增强，各种网络如交通网络、信息网络与金融网络等都形成了发达的立体结构，便捷了地区之间的交流和往来，促进了社会分工和专业化生产的深入，逐渐形成分工合作、功能各异的点线面统一体，区域经济的发展趋向均衡。网络式空间结构强调均衡发展实现整体推进，是实现区域空间一体化的必然选择。

3.1.3 城市群地域结构演进理论

城市群地域结构是城市群发展程度、阶段与过程的空间反映。城市群发展必然伴随着城市群地域结构的变化，城市群地域结构演进理论是研究城市群空间特征及其演化规律的基本理论（史育龙 等，2009）。对城市群展开研究最早的是霍华德，在目睹了英国和其他西方国家在城市化过程中涌现的社会和环境问题之后，他在著作《明日：一条通向真正改革的和平道路》中提出将城市周边的乡村地域统一规划，建设一种兼具城市和乡村优点的田园城市，而若干个田园城市围绕中心城市，构成城镇集群（town cluster）。“田园城市”理论不仅从城市结构和布局的角度给城市群发展提供思路，而且还提出一些保障措施，如建立独立城市管理机构、改革土地制度等。1915年，近代西方人本主义城市规划思想家格迪斯（P. Geddes）提出了区域规划理论。在其著作《城市发展》和《进化中的城市》中，他将自然环境作为规划的基本构架，基于对城市发展进化的分析，提出了当时城市的演化形态，即继续大范围扩展和地方性节点集聚(Geddes,1915)。此外,他从人类生态学的角度研究人和环境的关系以及决定现代城市成长和变化的动力,强调城市是一个活的有机体。1957 年,法国地理学家戈特曼(Gottmann)(1961)在分析美国东北部都市区连绵化现象时提出了大都市带(megalopolis)的概念。他认为,在特定区域多个大城市或都市区集聚发展到一定程度,通过人口和经济活动等方面密切联系会逐渐形成一个巨大整体,这种城市地域空间组织形式便是城市空间发展的"成熟"阶段。它并不仅仅是单个都市区的过分膨胀或多个都市区的简单组合,而且是有着质的变化的全新有机整体。戈特曼以美国东北海岸大都市带为例将这一过程划分为四个阶段:①以贸易、行政职能为主的各个城市孤立分散阶段(1870 年之前);②城市规模迅速扩大和铁路交通网络发育促使区域性城市体系形成阶段(1870—1920 年);③单个城市的向心集聚达到顶点,第三产业呈现出强劲发展势头的大都市带雏形阶段(1920—1950 年);④形态演化和枢纽功能极大提升的大都市带成熟阶段(1950 年以后)。

1966 年,弗里德曼(J. R. Friedmann)结合罗斯托(W. Rostow)的经济发展阶段理论和佩鲁(F. Perroux)的增长极学说,建立了城市空间组织演化模型。他认为计划和扩散效应是区域经济增长在空间结构演化上的基本动力,极化效应推动区域经济走向局部集聚的不平衡阶段,而扩散效应又推动经济向全区域推进,这两种力量使经济空间不断扩大,产业的空间组合日趋多样化和复杂化。他将经济增长的中心空间模式和演变过程分为四个阶段:第一阶段是以自给自足形式的农业生产方式为主导离散型城市空间结构;第二阶段是工业逐渐兴起下具有一定的经济空间阶梯的中心—外围初期城市空间结构;第三阶段是城市扩散式多中心城市空间结构;第四阶段是二元空间结构逐渐模糊而形成的网络化城市空间结构(陆玉麒,1998b),如图 3.2 所示。

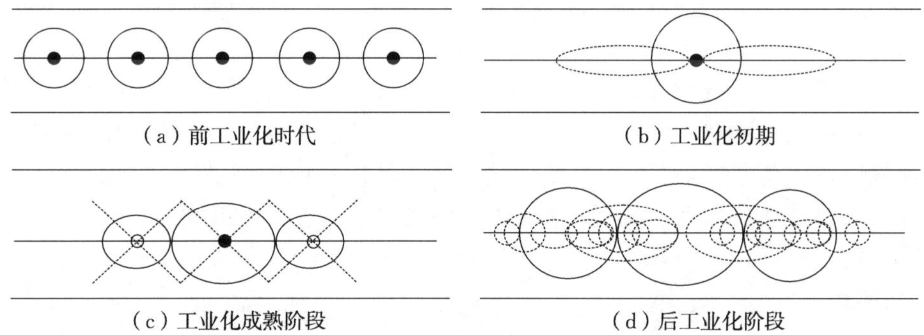

图 3.2　弗里德曼对区域空间结构演化的阶段划分

国内学者在介绍、引进城市群概念与理论的同时,也结合中国城市群发展提出了一系列城市群发展与演进的理论。1992 年,姚士谋编著的第一本以"城市群"为研究对象的著作——《中国城市群》出版。他认为,城市群体结构研究是在认识各城市多层面结构(经济结构、社会结构、规模结构、职能结构)、相互作用(人流、物流、资金流、信息流)的基础上,分析形成这种结构与相互作用的主导机制和组织原理(姚士谋,2001;朱英明 等,2002)。从本质上讲,城市群地域结构的变化取决于一定区域内第二、三产业与交通网络的发展,即城市群城市地域交通区位扩展和城市功能强化的有机统一过程,是城市群地域结构功能组织递嬗的阶段性规律反映。他将这样一个运演递进的上升过程概括为城市群地域结构演化模型,共四个阶段:①城市中心的吸引范围很小,功能联系较弱的单核心城市阶段;②交通干线上中心城市的侧向渗透发展,自身则以组团方式进行功能地域结构的组织与优化的城市组团阶段;③沿着干线和支线相互联系加强,专业化生产和城市间竞争力提升的城市组群扩展阶段;④城市组群间综合交通走廊的发展、城市群等级系统出现的城市群形成阶段(朱英明,2001)。

薛东前等(2003)从城市群体结构的基本形式和结构划分等方面讨论了城市群的空间演化过程、动力机制、基本特征和规律,从圈层结构的角度概括了四圈层空间结构模式,即核心首位城市带、城市组群发育带、城市个体分布带、城市群腹地带,如表 3.1 所示。他们认为城市群体结构的演化遵循城市增长和区域经济发展的规律,产业发展按一、二、三,二、一、三和三、二、一的序列发展,用地类型由农业用地向非农业用地转化,圈层结构也由少增多,功能结构由整体综合、整体分化、局部分化、局部综合、整体综合的方向进行转化。

表 3.1 城市群体结构发育的阶段性特征

发展阶段	集聚阶段	集聚扩散阶段	扩散集聚阶段	扩散阶段
结构特征	城市	城市区域	城市组群	城市群
圈层数量	一个圈层	两个圈层	三个圈层	四个圈层
圈层结构	核心区	核心区和外围区	核心区、组群区、个体带	核心区、组群区、个体带、城市群腹地

方创琳论述了城市群在经济全球化、信息化、工业化和快速交通以及政策支持下所呈现的城市群空间结构演化过程(方创琳,2014;Fang et al,2017)。其时空轨迹是从城市到都市区,再到都市带、大都市带,最终形成巨型城市区域的梯度演进和多层次结构演变过程。此外,他还详细总结了不同阶段城市群的扩展特征,包括空间辐射范围、城市数量、人口结构、交通网络、产业融合程度、区域结构、扩展模式、功能作用等 8 个方面。

3.1.4 群落生态学理论

群落生态学理论是以城市群落为研究对象,研究城市群落与环境的相互关系,揭示群落中各种群的关系、群落自我调节和演替规律的学科。长久以来,生态学视角是城市地理学家研究城市地域结构、城镇体系以及城乡关系的重要视角。一开始的生态学理论应用主要集中在城市个体内部，如美国著名建筑学家伊利尔·沙里宁认为城市是一个有机体，其内部秩序实际上和生命体的内部秩序是一致的（沙里宁 等，1986）；日本学者黑川纪章（2004）提出新陈代谢型城市的概念，指出现代城市应当从机械原理时代走向生命原理时代。到了现代，城市与城市之间不仅存在人流、物流、资金流、信息流和服务流等功能性联结，还存在为了“互相学习和借鉴”或者“共同承担有挑战性的项目”的战略联结（于涛方，2004），这些关系的存在为生态学的理论和方法在城市群中的应用提供了可能。

生态位理论是生态学的核心思想和重要理论工具，由于其概念的多维性，也成为城市群落研究中不可或缺的理论工具。生态位（ecological niche）是生物在生物群落的位置以及所发挥的功能作用（李博，2005；Leibold，1995；Shea，et al，2002；Silvertown，2004）。在漫长的进化过程中，生物在一定时间和空间拥有稳定的生存资源（食物、栖息地等），进而获得最大生存优势的特定的生态定位。城市生态位是城市在城市群落的位置及其所发挥的功能作用，其中包括资源生态位、人力生态位、资本生态位、科技生态位等影响城市发展的因子。城市群落中的城市占据着不同的生态位，这种生态位的差异和重叠促使城市个体之间形成捕食、竞争、共生和寄生等不同类型的复杂空间关系。当两个或多个城市利用同一资源时，即两个或多个城市处于同一生态位，城市之间必然会发生生存资源的竞争，直至一方衰退甚至消亡；反之，当两个城市或多个城市利用不同的资源时，即两个或多个城市处于不同的生态位，能避免相互之间发生资源的竞争而实现共生（陈绍愿 等，2006）。此外，生态位理论中的生态位适宜度理论、生态势理论、生态位扩充理论、生态位重叠和分离理论还为城市群落系统研究提供了新的思路和视角。

生态演替理论认为，在相对稳定的自然状态下，任何生物群落和生态系统都会发生从低级到高级、由简单到复杂的正向演替，并达到一个成熟稳定的终点——顶级群落和顶级生态系统。城市群落的演替也是从低级到高级的过程，既表现为城市群落基础设施改善、产业结构升级、市场体系完善等方面，也表现为城市群落内在关系由简单到复杂、由区域性城市群落向全球性城市群落变化（段祖亮 等，2011）。地理学家将演替理论应用于城市群地域结构递嬗规律的解释中，指出城市群地域结构的递嬗就如植物群落中的演替是入侵现象的后果一样，人流、物流、资金流、信息流的输入，会加速改变城市群地域结构的初始相对平衡状态，使其分化并重新整合成新的城市群地域结构（姚士谋，2001）。

3.1.5　评价与借鉴

以上诸多理论为解释长三角城市群落结构演进的现象和机理提供了可借鉴之处。经济基础理论为从服务经济角度突破城市群落结构研究提供了理论基础，可通过对外服务联系这一关键要素构建出城市群落中复杂的功能性结构体系。区域空间结构理论和城市群空间结构演进理论为解释城市群落内部多元结构演变现象提供了理论支撑。群落生态学理论则为城市群落演进的动力机制、城市间关系演替和城市群落发展策略制定提供了理论源泉。

§3.2 群落结构的构成与核心载体

3.2.1 城市群落结构的要素构成

城市群落的空间结构是城市群落发展的框架。随着城市群落发展不断重组优化,分散于地理空间的相关资源要素优化配置在一起,形成了具有一定组织结构的空间形态。具体而言,城市群落的空间结构包括"节点""连线""面域"三类要素。

(1)节点。即区域内诸多不同类型、不同规模的城市,作为城市群落的支撑点。节点间的关联组合方式直接决定了城市群落的结构。节点的发展水平也代表了城市群落整体的发展水平,因此是城市群落中最重要的要素。节点是区域内各种活动在地理空间上集聚的区位,是城市活动最密集、最活跃的地方,是群落空间结构中最基本的要素,是构成"线"和"面"的基础。

(2)连线。"连线"是连接"节点"的通道,能够提升区域之间的可达性。"连线"不能脱离"节点"而单独存在,同时受点的影响发生动态改变,如方向、长度、运输能力等,二者的结合是形成城市群落结构的基础。城市间的连线可进一步细分为两类:①实体型连线是指承载城市间要素移动的运载手段和工具,如城市间的道路、河流水运线路、铁路线路、通信线路等。实体型连线是城市群落发育的基础,随着社会生产力尤其是科学技术的不断发展而发展。②功能型连线是指城市群落中各种相互作用的能量流,包括人流、物流、资金流和信息流等。各种流的运动沿着一定的运动线路和运动轨迹,纵横交织成城市群落的骨架。

(3)面域。"面域"是"节点"和"连线"及其构成的空间网络在地域上的表现,具有确定的空间范围,承载各项空间社会经济活动,其发展水平受节点和网络要素发展水平的制约。由"节点""连线""面域"搭建空间架构,将城市群落的主、客体及经济社会活动纳于其中,赋予了城市群落实质性的意义。

3.2.2 影响城市群落结构的空间关系

城市是人类社会、经济、文化活动的主要场所,城市群落则是在城市之间社会、经济、文化活动发育到一定程度之后形成的复杂聚合体。随着城市群落内部各种各样空间联系的增强,城市由封闭走向开放,由地方发展转向区域化发展。城市再也不是那种故步自封、自给自足的空间单元,而是通过复杂的自然、经济、人口、技术、服务传输、行政管理等空间联系构成相互依存的共生体(顾朝林，1992)，如表 3.2 所示。

表 3.2　城市群落空间联系的基本形式

类型		形式
自然联系		自然综合体、地理单元、河流水系及流域、生态相互关系、灌溉系统
经济联系	基础设施及贸易联系	铁路网、公路网、水运网、航空网、管道运输网、能源供应网、商品供应网、卫生医疗网、工作通勤流、市场网络、部门及区际物资流、内外贸易网等
	产业联系	生产联系(包括产前、产后和横向联系)、原材料及半成品流
	资金联系	财政金融网、资金流、收入流
技术联系		技术扩散形式(集聚型和分散型)、电信系统等
社会联系		人口迁徙及移民流、旅游流、亲属关系、风俗、礼节、社团组织及其相互作用
行政管理联系		行政机构隶属关系、政府预算过程及实施程序、议案—批准—监督管理机构等

城市群落内部各种联系的存在，使城市之间依赖关系日渐加强。自然联系是城市群落空间关系形成的前提，为城市的物质、人才、技术、信息、资金等的传输与交流提供了基本保障，对城市群落结构的形成和演变具有极其重要的作用(顾朝林，1992)。我国当前的道路、河流、铁路等联系已经得到极大的发展，各个地域单元的可达性能力得到极大提升，社会经济要素的位移能力也相应提高。社会相互作用联系会随着居民收入增加、休闲娱乐和品质提升而出现快速的增长。经济联系和人口联系是群落中最主要和最普遍的联系，决定着城市群落的空间形态和城市间具体的联系形式。伴随着城市群体内的产业结构转换升级，第三产业在区域发展中的地位提升，服务传输联系得到持续强化。生产技术扩散的加剧，也会促使信息联系呈爆炸式向前发展。城市间行政和组织联系则会随着区域发展一体化和法律法规健全不断改革，为城市群落的聚合提供制度基础。

3.2.3　城市群落结构的核心载体——对外服务联系

服务经济发展阶段，城市间的服务联系加强，逐渐成为城市间相互作用的主要载体。从城市对外服务流的角度，挖掘城市群落空间的组织结构，是破解城市群落复杂结构关系的合理视角。近年来，众多研究基于对外服务流测度了我国城市密集发展区域的空间格局。李桢业等(2006)以重庆、武汉、南京、上海 4 个城市为中心的城市群经济带，共 33 座城市的外向型服务业数据为分析对象，通过计算城市外向型产业外向功能量以及辐射强度的变化，来确认 20 世纪 90 年代后期以来长江流域主要中心城市及其城市群连绵带的城市流变化情况；王海江等(2007)以河南省为研究区域，通过河南省 17 个城市对外服务功能的大小和二、三产业城市流强度比，将河南省分成4种功能类型区，并据此提出改善和提高城市对外服务功能的措施；姜博等(2009)基于城市流理论，对辽中南城市群各城市的区位熵、外向功能量、城市流强度及其结构进行了分析与测算，并对辽中南城市群城市流强度模型的影响因素进行了回归分析，在此基础上，提出了几点优化对策；柳坤等(2014)用“对外服务流”概念来表征生产性服务业的对外服务能力，从省域尺度和地级及以上城市尺度分析中国生产性服务业外向功能，进一步认识不同尺度下的生产性服务业外向功能体系在地域上的演化特征分析。综合来看，从对外服务流的角度分析城市群落结构的方法趋向成熟，但这些研究多集中在生产性对外服务功能的结构体系上，对当前多元化的对外服务功能结构及结构间的互动关系的探讨相对缺乏。事实上，区域范围内的城市是具有多种直接或间接关系的有机组合体，具有复杂的群间关系。因此，通过对外服务联系这一关键要素构建出城市群落中复杂的功能性结构体系，并在此基础上分类别地进行群落结构的深入挖掘与分析成为当前群落结构研究的关键。

日益分化的城市对外服务功能可有效反映城市群落的分异性演化特征。服务业的结构演进使得城市服务功能不断分解，从服务业的分类上可以获得一些将城市服务功能进行细化的启示。Browning 等(1975)从服务业功能的角度，将服务业分为分配型服务业、生产性服务业、个人服务业、社会性或非营利政府服务业四大类别；Daniels 等(1991)根据服务是满足最终需求还是用于中间使用，将服务业分为消费性服务业和生产性服务业；李善同等(2014)则根据生产和消费服务的对象、外部性、提供服务的主体等不同，将服务业分为生产性服务业、生活性服务业和公共性服务业。在实证研究中，学者们发现生产性服务业普遍追求规模经济和集聚效应，城市规模越大，劳动生产率越高，越满足生产性服务业发展的规模化和集聚化要求，这也使得生产性服务业在规模大、行政等级高的城市以及沿海发达城市得以迅速发展。生活性服务业的发展门槛较低，即使在人口规模较小的村镇，生活性服务业也都有获利的空间，因此其聚集程度小于追求规模收益递增的生产性服务业，总体上随人口和市场格局呈现聚集分布格局。城市公共性服务业呈现更加均等化的趋势，覆盖范围和可及性较广，且随着城市化的发展，越来越多的人能够在城市获得社会公共服务的集中使用(黄少军，2000)。

§3.3 复杂网络对群落结构的解析

3.3.1 城市群落结构

群落生态学概念框架中，城市群的群落结构被分为垂直结构和水平结构。垂直结构是研究城市群落的“分层”现象，即城市群落的规模层次结构，结合城市群有关定义，可将城市群落的层次划分为核心层、副核心层（中心城市）、外围层（三级及其以下城市），不同层次的相互作用水平和对外服务量具有明显的规模结构特征。在城市群落的“分层”现象的研究中，多采用城市规模、城市职能的理论和方法，如城市指数、位序规模法则等。水平结构是研究不同资源配置状况下，城市在空间上呈现的相互集聚特征，即城市群落的空间格局及其空间组织模式。水平结构主要受空间异质性影响，具体表现在自然资源和自然条件的异质性、地理区位的异质性以及各类基础设施的异质性等方面。尽管现代交通通信技术的进步降低了空间对城市布局和城市发展的约束作用，但在新经济时期，空间具有了新的属性，如技术、环境和文化的含量和区位。这些新的属性使得城市布局的分散化现象只发生在微观区域，在宏观区域则更加集中化城市群落的水平结构（陈绍愿 等，2005a）。相关研究采用空间相互作用原理和方法，如引力模式、潜力模式等，针对典型区域探讨城市群落产生、生存及发展的内在空间秩序和特定的空间发展模式，重在对特定历史条件下和特定自然地理环境中城市群落的空间秩序做宏观层次上的抽象和概括。

3.3.2　复杂网络分析

复杂网络科学先后经历了规则网络理论阶段、随机网络理论阶段、复杂网络理论阶段（郭世泽，2012）。规则网络理论阶段以图论的创立和运用为主要内容。1736年，欧拉首次将现实中相互联系的问题抽象成点和线的结合体，开创了图论和拓扑学先河。图论这门数学分支的语言和符号可以精确简洁地描述各种网络，为物理学家和数学家提供了共同的描述语言和平台。进入随机网络理论阶段的标志是1959年数学家Erdos和Renyi用相对简单的随机图来描述网络，简称ER随机图理论，对图论和网络科学理论作出了里程碑式的贡献（郭雷 等，2006）。复杂网络理论阶段得益于计算机技术和网络技术的发展。Watts等（1998）关于无标度网络和Barabasi等（1999）关于小世界网络的提出，使得人们对复杂网络的理解进一步加深。复杂网络分析方法也得到越来越多的应用，基于其对网络拓扑结构和动力学行为特征的有效刻画，实证研究成果已广泛运用于城市的产业集群网络（李仙德，2016；刘丙章 等，2016）、城市交通网络（武文杰 等，2011）、城市信息空间网络（王宁宁 等，2016）等方面。

复杂网络是事物以及事物之间的某种关系。从广义来说，事物的结构也是网络视角的一种。复杂网络指的是行动者（social actor）及它们之间关系的集合，即一个网络是由多个点（行动者）和各点之间的连线（行动者之间的关系）组成的集合（刘军，2009）。

（1）点：社会行动者。网络分析中所说的行动者可以是任何一个社会单位或社会实体。行动者可以是个体、公司或者社会单位，也可以是一个教研室、学院、学校,更可以是一个村落、组织、城市、国家等。

(2)关系:行动者之间的联系。网络中行动者之间的关系代表具体的联络内容或者现实中发生的实质性关系。关系具有多元化的特征,行动者之间的关系类型多样,可以是城市之间的距离关系、行政隶属关系、贸易关系等。对多元关系网络的研究,是当今复杂网络分析中最具潜力的前沿领域。复杂网络研究者利用多维量表(MDS)、矩阵代数(matrix algebra)、聚类分析(cluster analysis)等方法来研究多元关系网络数据。也有很多学者利用概率论、数理统计技术及计算机技术研究网络变量的统计性质,构建多种网络模型。

3.3.3 城市群落结构与复杂网络的对应关系

复杂网络分析为我们提供了从关系出发探究城市群落结构的思维方式和研究方式。这种研究方式不同于实体论研究方式,后者将社会现象看成是现象本身,从作为实体的现象本身出发进行研究。关系论思维则从社会网络的角度来研究社会关系的结构,这是一种结构主义视角下的量化分析(刘军,2009)。这种关系论视角已经在政治学、经济学、社会学、心理学等诸多社会科学领域中得到了广泛应用。

城市群落的结构关系是极为复杂的,要素流对城市群落结构的塑造作用越来越强,不同要素往往形成多个城市子群嵌套的结构特征,各要素结构之间异化的子群数量、规模和空间格局正促使城市群落内部呈"嵌套式"发展,结构的动态化、复杂化给城市群落结构的分解、挖掘提出了难题。在此情况下,复杂网络分析为多元化城市群落结构分析和诠释提供了科学的工具,它将系统中个体相互关联作用的拓扑结构视为理解复杂系统性质和功能的基础,用抽象的点和线对现实世界中各种关系进行简单化和一般化表达,有效地弥补了城市群落结构研究在方法论和具体方法上的不足。

基于以上分析,本书利用复杂网络的特性对城市群落的垂直、水平结构进行测度。将城市抽象为网络节点,城市之间的联系抽象为网络边线,在此基础上将城市群落的垂直结构用节点和节点间连线的规模层次性进行表征,群落的水平结构用拓扑网络的空间集聚性进行表征,两者的对应关系如图 3.3 所示。

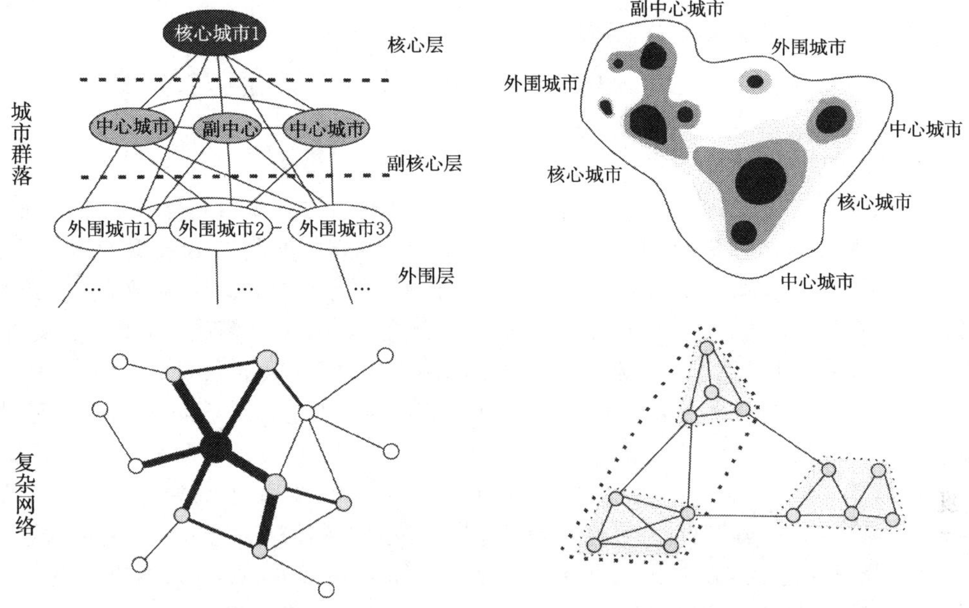

图 3.3　城市群落结构特征及其在复杂网络中的体现

第 4 章　长三角城市的对外服务能力测度

城市群落是一定地区内具有多种直接或间接关系的有机组合体。城市之间的服务联系作为多种直接或间接联系的主体，对城市群落的整合和凝聚至关重要。大量的实证研究表明，城市间服务联系的大小与其自身的区域等级、规模、社会经济发展水平和开放程度等方面有很大关系，区域等级越高、规模越大，经济越发达、服务能力越强，对其他城市的吸引、辐射作用越大，其对外服务联系的能力也越大。城市对外服务能力的测度可以通过单一指标或综合多变量的方法进行表征。鉴于城市对外服务能力趋向复杂化和多元化，本章将对外服务功能分解为生产性服务、生活性服务、公共性服务三类，基于 2003 年、2008 年和 2014 年服务业从业人口数据，运用城市经济基础理论和“城市流”思路，从不同类型的对外服务功能角度出发，测度长三角地区 67 个县市的节点对外服务价值，对 2003 年以来城市节点对外服务能力的水平和空间格局进行分析。

§4.1　城市对外服务功能的类型划分

根据生产和消费服务的对象、提供服务主体的不同，可将城市对外服务功能划分为生产性服务、生活性服务和公共性服务。本书选取《中国城市统计年鉴》(国家统计局城市社会经济调查司，2015)及各地市统计年鉴中的分部门就业人员数据进行区位熵计算，参考相关研究结果(李善同 等，2014；邱灵，2014；申玉铭 等，2015)，以 14 个行业的从业人员数作为基础数据，根据国家统计局《三次产业划分规定》主要服务对象及服务提供主体进行细分，具体如表 4.1 所示。

表 4.1　城市产业部门的对外服务功能类型划分

对外服务功能	行业
生产性服务	交通运输、仓储和邮政业；信息传输、软件和信息技术服务业；金融业；租赁和商业服务业；科学研究和技术服务业
生活性服务	批发和零售业；住宿、餐饮业；房地产业；居民服务、修理和其他服务业；文化、体育和娱乐业
公共性服务	教育；卫生和社会工作；公共管理、社会保障和社会组织；水利、环境和公共设施管理业

4.1.1　生产性服务

生产性服务(producer service，又称生产者服务或生产服务)是为其他部门在生产过程中提高产出物价值而进行的活动。城市生产性服务功能由自身生产性服务业发展水平决定，是当地基本经济活动竞争力的来源和周边地区发展的重要支撑。Greenfield(1966)在研究服务业及其分类时，最早提出生产性服务业这个概念，认为生产性服务业主要是面向生产者，为生产者提供服务，而不是为消费者提供服务和劳动的企业和组织。Stanback(1980)则从投入产出的视角强调，生产性服务业是中间投入而非最终产出，指出它是依靠制造业部门并为其提供服务的产业，明确了生产性服务业承担着产业中间连接的重要角色，用来生产其他的产品或服务，是一种中间投入性产业。

尽管由于研究视角和侧重点不同，国内外学术界对生产性服务业的定义和分类等还没有统一的界定，但对生产性服务业的内涵已形成了一些共识，认为是与制造业直接相关的配套性服务业，是从制造业内部的生产服务部门派生出来而独立发展起来的新兴产业，其主要功能是通过贯穿企业生产的上游(可行性研究、风险资本、产品概念设计、市场调研等)、中游(质量控制、会计、法律咨询、保险等)和下游(广告、物流等)等诸多环节，为生产过程的不同阶段提供服务产品(钟韵 等，2005)。

生产性服务业的分类标准尚不统一。但一般认为，现代物流、金融保险、技术研究与开发、信息服务、商务服务等行业构成了生产性服务业的主体。进一步将生产性服务行业细分，可以划分为资本服务类、会计服务类、信息服务类、经营组织类、研发技术类、人力资源类、法律服务类等七大类别(来有为，2010)，具体分类见表 4.2。

表 4.2　生产性服务业的进一步分类

类别	细分行业
资本服务类	银行、信托、保险、典当、评估、投资、融资、拍卖、资信、担保等
会计服务类	会计代理、审计事务、资产管理、信用管理、财务公司等
信息服务类	会展、电子商务、战略咨询、信息咨询、品牌代理、公共关系、广告等
经营组织类	物流配送、产品批发、商品代理、监理、经纪、租赁、环保、企业托管等
研发技术类	产品研发、技术转让、软件开发、知识产权交易服务等
人力资源类	人才招募、人才培训、人力资源配置、岗位技能鉴定等
法律服务类	律师事务、诉讼代理、公正、调解等

4.1.2　生活性服务

生活性服务(consumer service)是指直接为人们物质和精神生活消费所提供的产品及服务的产业(宣烨，2012)，城市生活性服务功能的大小来源于生活性服务业的发展水平。生活性服务业是服务经济的重要组成部分，是国民经济的基础性支柱产业，它直接向居民提供物质和精神生活消费产品及服务，其产品、服务用于解决购买者生活中(非生产中)的各种需求。生活性服务业是提高国民素质和社会文明程度的重要保障。生活性服务业发展的特征是：首先，经济增长到一定水平后，居民服务消费支出比重上升，生活服务支出的收入弹性增大；其次，经济增长过程中，处于同水平的国家生活服务消费的结构趋同；最后，消费需求差异化，现代服务业在 GDP 中的占比提升。

生活性服务业的外延，按照要素投入分类，生活性服务业包括劳动密集、知识与信息密集和资本密集三种类型。劳动密集型生活性服务业是一种较为传统的服务业，其显著特点是一般劳动要素的密集投入，典型的行业如餐饮、零售业、物流业等行业；知识与信息密集型生活性服务业以技术和市场创新为基础，通过信息技术、互联网等处理信息、分享知识的形式来服务大众生活，如淘宝网、58 同城等都属于此类；资本密集型生活性服务业很注重资本的整合与配置，密集投入的是金融资本，典型的行业包括银行业、保险业、房地产开发等。

4.1.3 公共性服务

公共性服务(public service)是指政府或公共组织为服务社会大众而提供的非营利产品服务，城市公共性服务功能受其公共服务业水平影响。公共性服务具备公共物品的属性：首先，公共性服务具有普惠性，共同产品服务人人可享用，并不区分受众，不具备排他性；其次，公共性服务具有共享性，一部分人消费共同品并不影响其他人消费，产品或服务可重复使用。提供公共服务的行业即是公共性服务业。

依据公共资源投入的不同领域，根据不同的用途和表现形式可将公共性服务进一步细分为四类：①基础设施公共服务，如煤、电、水、气，其主要是服务人们基础性的生产和生活需要；②经济公共服务，如技术推广、财务咨询、法律援助等，主要是为协助个人或组织开展经济活动，便利社会经济发展的公共性服务；③社会公共服务，主要是指教育、医疗、就业保障等满足人们生存和发展的社会保障性服务；④安全公共服务，是指国防、治安等涉及国家、社会及个人安全相关的公共服务。

§4.2 城市对外服务能力的测度方法

城市对外服务能力是排除了以城市本身为服务对象的部分后城市经济价值中的基本活动部分，体现了区域或城市与外界相互作用和影响所产生的经济活动对外界输出的服务经济流量，测算城市基本活动部分的常用方法是区位熵法。i 城市 j 部门区位熵 Lq_{ij} 的计算公式为

$$Lq_{ij} = (G_{ij}/G_i)/(G_j/G) \tag{4.1}$$

式中，G_{ij} 表示 i 城市 j 产业的就业人数，G_i 表示 i 城市服务业的就业人数，G_j 表示 j 产业的就业人数，G 表示整个长三角地区服务业的总就业人数。若 $Lq_{ij} \leqslant 1$，则 i 城市 j 部门不存在外向功能(区位熵小于 1 时，城市服务能力较弱，因此不具备对

外服务功能)；若 $Lq_{ij} > 1$，即区域内 i 城市在 j 部门中相对于整个区域专业化部门对外形成位差，可以为外界区域提供服务，因此认为该部门除了满足本城市需要外还具有外向服务功能。

当 $Lq_{ij} > 1$ 时，计算 i 城市 j 产业的对外服务就业人数 E_{ij}，公式为

$$E_{ij} = G_{ij} - G_i(G_j/G) = G_{ij}(1 - 1/Lq_{ij}) \tag{4.2}$$

那么 i 城市服务业总外向就业人数 E_i 为

$$E_i = \sum_j E_{ij} \tag{4.3}$$

为使对外就业人数的价值经济效益化，用 i 城市服务业从业人员的人均劳动生产率 N_i 来表征，即

$$N_i = \mathrm{GDP}_i / G_i \tag{4.4}$$

则 i 城市总的对外服务价值 F_i 为

$$F_i = E_i \times N_i \tag{4.5}$$

§4.3　城市对外服务能力的测度结果

4.3.1　长三角城市对外服务能力的总体演变

城市服务价值的测度结果显示，2003—2014 年，长三角地区城市对外服务价值大幅增长，价值总额由 2003 年的 238 亿元增长至 1 667 亿元，如图 4.1 所示。其中，生产性服务价值由 110 亿元增至 930 亿元，增长了近 8 倍；生活性服务价值由 61 亿元增至 443 亿元，增长约 7 倍；公共性服务价值则由原来的 67 亿元提高到 294 亿元，增长约 4 倍。总的来说，生产性服务价值增长速度最快，所占比重最大，是长三角地区对外服务价值的核心组成部分；公共性服务价值增长速度相对较慢，所占比重也最小。

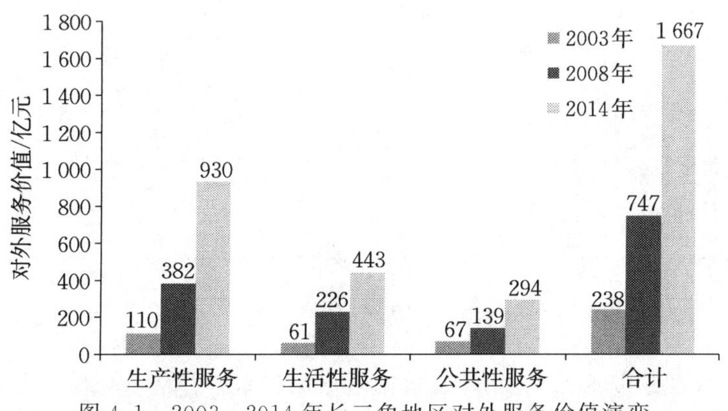

图 4.1　2003—2014 年长三角地区对外服务价值演变

各城市对外服务价值的整体差异可通过城市服务价值的变异系数统计得到，如表 4.3 所示。变异系数消除了测量尺度和量纲的影响，可以反映出数据离散程度的绝对值，测度值的变异系数越大，其离散程度就越高。由表 4.3 可知，2003—2014 年城市对外服务价值整体呈差异扩大的趋势。服务价值总和的变异系数经历了先增后减的过程，由 2003 年的 2.65 增至 2008 年的 3.10，随后下降至 2014 年的 2.72。其中，生产性服务和生活性服务价值的变异系数均呈增长趋势，说明城市的这两类服务价值差异程度呈扩大趋势。尤为明显的是生活性服务价值的变异系数在 2008 年达到 4.16，远远高于其他两类服务价值，说明该年份的生活性服务价值分布离散程度很大。但公共性服务价值的演变则与整体趋势相反，在 2003—2014 年呈不断下降的趋势，表明公共性服务价值在长三角地区城市之间的分布渐趋均衡。

表 4.3 2003—2014 年长三角地区城市对外服务能力统计

服务功能类型	平均值			标准差			变异系数		
	2003 年	2008 年	2014 年	2003 年	2008 年	2014 年	2003 年	2008 年	2014 年
生产性服务价值	1.64	5.71	13.88	4.56	16.03	40.66	2.78	2.81	2.93
生活性服务价值	0.91	3.38	6.61	2.31	14.07	19.29	2.55	4.16	2.92
公共性服务价值	1.00	2.07	4.39	2.68	4.92	9.87	2.67	2.37	2.25
服务价值总和	3.55	11.16	24.88	9.41	34.58	67.76	2.65	3.10	2.72

具体到 2003—2008 年、2008—2014 年这两个时段来看，如表 4.4 所示，对外服务价值在前后两个时期的平均值增长量分别为 7.61 和 13.73，增长率分别为 2.14 和 1.23，可见城市对外服务能力在 2003—2008 年的增加速度较快，在 2008—2014 年增长量较多。其中生产性服务和生活性服务均在 2003—2008 年增长较快，而公共性服务的增长速度则相对均衡。从变异系数的变化来看，第一个时段主要为差异扩大阶段，第二个时段主要为差异缩小阶段。

表 4.4 2003—2014 年城市对外服务能力变化特征分析

服务功能类型	平均值变化量（变化率）		变异系数变化量（变化率）	
	2003—2008 年	2008—2014 年	2003—2008 年	2008—2014 年
生产性服务价值	4.07(2.48)	8.17(1.43)	0.03(0.01)	0.12(0.04)
生活性服务价值	2.47(2.71)	3.23(0.96)	1.61(0.63)	−1.24(−0.30)
公共性服务价值	1.07(1.07)	2.32(1.12)	−0.3(−0.11)	−0.12(−0.05)
服务价值总和	7.61(2.14)	13.73(1.23)	0.45(0.17)	−0.38(−0.12)

4.3.2 城市对外服务能力的层级变化

为考察城市服务能力的层级性演化，根据各城市综合对外服务价值的大小，按照自然断裂法（nature breaks）将城市服务能力划分为 4 个层级，如图 4.2 所示。

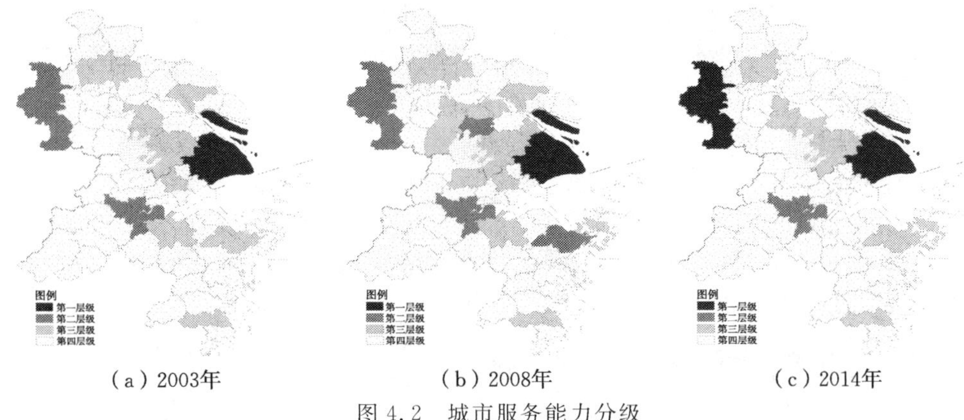

(a) 2003年　(b) 2008年　(c) 2014年

图4.2 城市服务能力分级

研究期内，各城市的对外服务价值发生了很大变化，城市服务能力的空间格局不断演变，如表4.5所示。2003年，城市对外服务价值排名前五的城市分别是上海、南京、杭州、宁波和苏州。其中，上海的服务价值是南京的3倍多，对外服务价值为72.45亿元，是城市群内第一层级的对外服务中心。南京、杭州的对外服务价值介于18亿～23亿元，分别位于长三角城市群的西北部、东南部，是区域范围内的对外服务中心。宁波、苏州、绍兴等11个城市对外服务价值介于3亿～12亿元，多围绕上海、南京、杭州、宁波分布，是区域次级的服务中心。镇江、宜兴等53个城市对外服务价值在3亿元以下，是一般性的服务节点，在长三角城市群中的对外辐射能力较弱。

表4.5 城市服务能力层级划分及数量统计

年份	层级	城市	城市数量	城市数量比重/%
2003年	Ⅰ	上海	1	1.49
	Ⅱ	南京、杭州	2	2.99
	Ⅲ	宁波、苏州、绍兴、江阴、南通等城市	11	16.42
	Ⅳ	镇江、宜兴、张家港、桐乡、常州等城市	53	79.10
2008年	Ⅰ	上海	1	1.49
	Ⅱ	杭州、南京、宁波、无锡	4	5.97
	Ⅲ	江阴、苏州、宜兴、台州、昆山、南通等城市	15	22.39
	Ⅳ	镇江、常熟、诸暨、温岭、丹阳、慈溪等城市	47	70.15
2014年	Ⅰ	上海、南京	2	2.99
	Ⅱ	杭州	1	1.49
	Ⅲ	昆山、苏州、宁波、台州、无锡等城市	8	11.94
	Ⅳ	绍兴、南通、嘉兴、张家港、镇江等城市	56	83.58

2008年，上海仍为第一层级服务中心，服务价值为269亿元。第二层级的城市数量增加至4个，分别为杭州、南京、宁波和无锡，服务价值介于40亿～68亿

元。其中无锡的对外服务能力提升最快，由 2003 年的第三层级提升至第二层级，服务价值提高了近 8 倍。第三层级城市数量有所增加，宜兴、常州、湖州等城市均由第四层级升入第三层级，服务能力提高速度较快。

到 2014 年，南京跻身第一层级服务中心，其对外服务价值为 319 亿元，与上海的 440 亿元服务价值相差不大。杭州为唯一的第二层级城市，服务价值为 162 亿元，与上海、南京的服务价值差距主要存在于生产性服务上，其价值仅为南京的 1/2、上海的 3/8。第三层级的城市数量也大幅减少，昆山、苏州的排序迅速上升，对外服务能力显著提升。

4.3.3　城市服务功能组合特征变化

按照服务产业的功能划分，本书分别对城市的三类对外服务价值进行了测度，如图 4.3 所示。

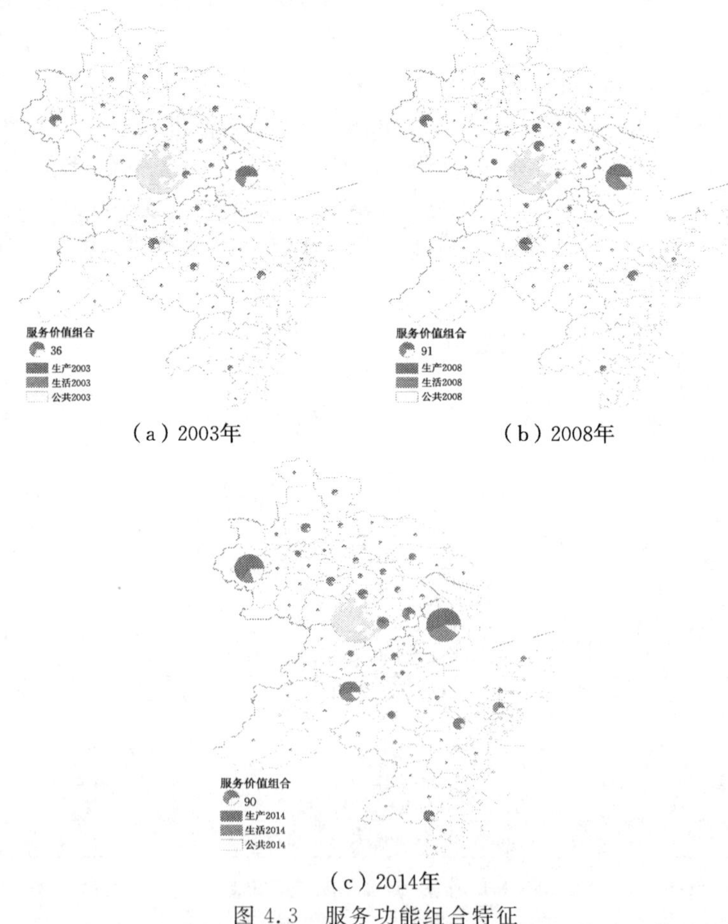

（a）2003年　　（b）2008年

（c）2014年

图 4.3　服务功能组合特征

对测度结果进行分析，得出长三角地区城市服务功能组合存在以下特征：

(1)城市节点的对外服务功能组合特征各异。各城市生产性、生活性和公共性对外服务功能价值量存在较大的差异，优势服务功能各不相同。本书统计了服务价值占比在 50%以上的城市数量，这些城市优势服务功能主导的特征十分明显，如表 4.6 所示。研究期内，以生产性服务功能为主导的城市数量始终占据最大优势。2003 年，生产性服务主导的城市为 19 个，生活性服务主导城市仅 1 个，公共性服务主导城市为 9 个。到 2014 年，生产性服务主导城市增长至 35 个，生活性服务主导城市略微增加(4 个)，公共性服务主导城市增加至 10 个。说明生产性对外服务价值在三类对外服务功能中占据优势，长三角地区的城市以生产性服务功能联系为主，且随着经济的发展，越来越多的城市以生产性服务功能为主导为区域提供外向服务。

表 4.6　各类型服务价值占比在 50%以上的城市

年份	功能类型	城市	城市数量/个
2003 年	生产性服务	台州、绍兴、海宁、嘉兴、无锡、嘉善、海盐、德清、余姚、平湖、温岭、南京、苏州、昆山、常熟、张家港、太仓、新昌、富阳	19
	生活性服务	泰州	1
	公共性服务	嵊泗、安吉、江阴、岱山、临海、兴化、靖江、泰兴、舟山	9
2008 年	生产性服务	宜兴、镇江、丹阳、扬中、句容、湖州、江阴、平湖、无锡、台州、南通、海盐、泰州、启东、常州、南京、新昌、宁波、苏州、张家港、常熟、太仓、昆山、嵊州、温岭、桐乡、绍兴	27
	生活性服务	无	0
	公共性服务	安吉、三门、玉环、岱山、临海、如皋、嵊泗、海安、桐庐	9
2014 年	生产性服务	绍兴、宁波、扬中、海盐、丹阳、台州、句容、湖州、南京、张家港、南通、启东、杭州、宁海、兴化、上海、宜兴、江阴、无锡、海门、嘉兴、金坛、建德、镇江、靖江、临海、高邮、扬州、宝应、仪征、常熟、泰州、海安、桐庐、温岭	35
	生活性服务	嵊州、嵊泗、淳安、苏州	4
	公共性服务	安吉、诸暨、新昌、象山、嘉善、余姚、德清、奉化、仙居、富阳	10

(2)城市节点的对外服务功能组合不断演变，如图 4.4 所示。三个核心城市上海、南京、杭州均经历了公共性服务价值比重减少、生产性服务价值比重升高的转变。上海由 2003 年的 48∶23∶29 调整为 2014 年的 57∶33∶10；南京则由 55∶19∶26 调整为 65∶14∶21；杭州的比重由 34∶43∶23 变为 59∶27∶14。可见高等级城市的服务功能结构正向以生产性服务为主导的结构转变。一些城市经历了剧烈的服务功能结构调整，如江阴、嘉善等城市，其中，江阴的服务价值组合由 21∶14∶65 变为 57∶30∶13，实现了以公共性服务为主导向生产性服务为主导的

转变;嘉善的服务价值组合则由 63∶22∶15 变为 21∶21∶58,其服务功能由生产性服务为主导转型为以公共性服务为主导。此外,也有个别城市服务价值组合变化较小,如安吉县,其服务功能在研究期内一直以公共性服务为主导,功能结构演化不明显。

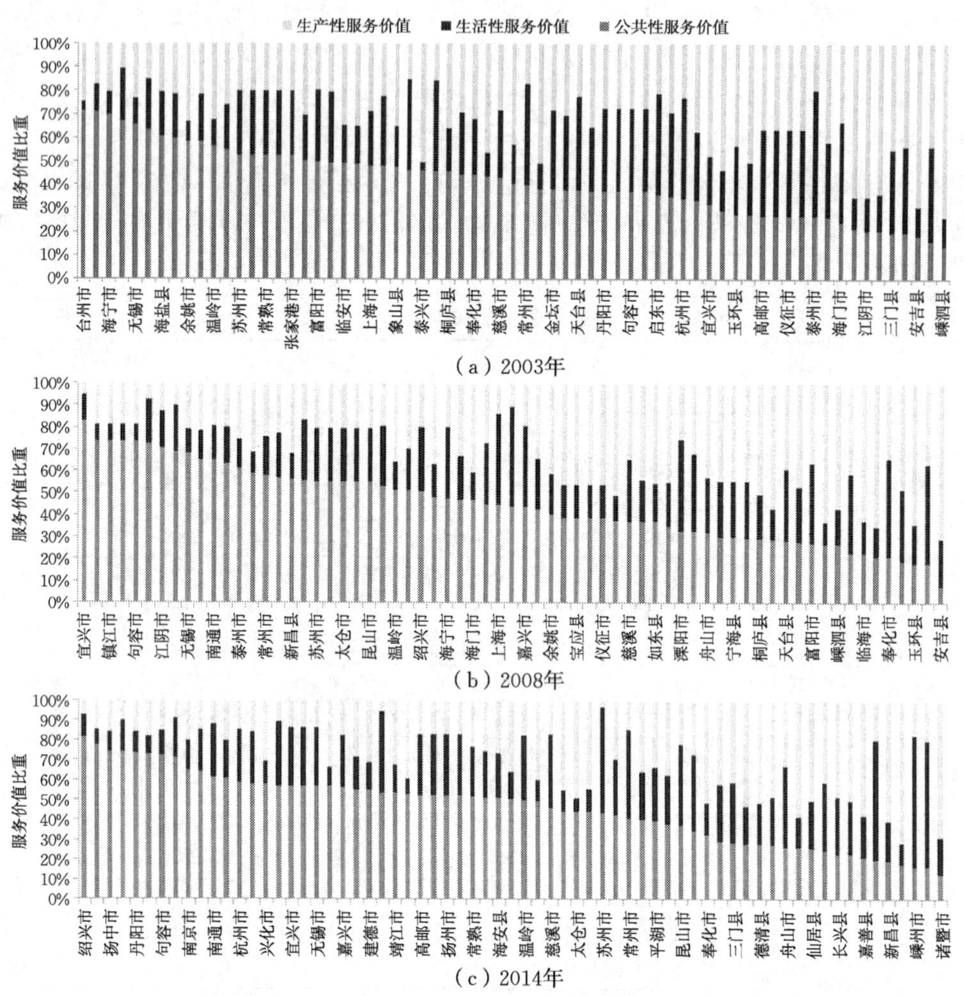

(a) 2003年

(b) 2008年

(c) 2014年

图 4.4　2003—2014 年城市生产—生活—公共对外服务价值百分比情况

第 5 章　基于复杂网络的群落结构动态演化分析

城市群落中相互作用关系构建是揭示群落结构的关键。本章以 67 个县市为研究对象，构建三类服务功能作用下的对外服务网络。在缺乏实测数据的情况下，本书采用重力模型对区域内各个单元之间的服务联系强度进行模拟，具体包括测度不同类型服务功能价值、测度对外服务联系强度、多阈值切分与二值化这三个步骤。在模拟服务联系强度的基础上，选择合适的阈值和连接方式对群落内部联系网络进行构建，并基于网络分析方法对群落结构中的节点、网络结构进行定量分析，通过节点度值、节点权重、平均路径距离、群落密度、中心势、扩散指数等指标，分析城市群落的层级性、水平集聚性、节点度值的空间分布与无标度、小世界等复杂性特征，为城市群落结构模式提炼、城市群整体功能提升提供数据支撑。

§5.1　城市对外服务关联的构建

5.1.1　技术流程

本书从城市对外服务量的大小和城市相互作用距离两个方面考虑城市间服务联系的构建，其中城市对外服务量是两城市是否发生联系的最直接因素，空间距离是现实中对外服务联系强弱的重要制约因素。因此采用城市流模型测度城市对外服务量，在测度基础上结合城市间最短时间距离，利用相互作用模型构建城市间不同类型的对外服务联系矩阵。具体步骤如下：

(1)测度不同类型服务功能价值。城市对外服务价值体现了城市与外界相互作用或影响能力的大小。本书根据生产和消费服务的对象、外部性、提供服务的主体不同，可将城市对外服务划分为生产性服务、生活性服务和公共性服务。基于不同服务类型中从业人员的多少和区位熵方法，对城市各类型对外服务能力进行综合测算。

(2)测度城市间对外服务联系强度。基于最短时间距离的测算结果，将城市间 OD 时间距离矩阵和城市分类别对外服务价值输入相互作用模型中，得到两两城市间服务联系强度矩阵。

(3)多阈值切分与二值化。复杂网络分析中采用的数据一共有两种：一种为权重网数据，上面测度所得的服务联系强度矩阵即为权重矩阵，在体现城市间联系强度大小方面具有一定意义，但其中也包含了许多干扰信息，在结构分析方面应用有限；另一种为二值网络数据，即通过一定的阈值对权重网络进行二值化，得到城市在该阈值层次下的复杂拓扑网络。在阈值的选取方面，整体网的节点联系均值被广泛采用，本书采用多层级的阈值对权重网络进行切分，对各层级结构进行挖掘，并探讨城市群落的纵向层级结构演变特征。采用的阈值包括 1 倍均值、4 倍均值和 16 倍均值，当城市间服务量大于阈值时，将城市间联系转换为 1，否则为 0，本书的城市服务网络为有向图，节点 i 到 j 的连接边一律用 V_{ij} 表示。

5.1.2 构建方法

在城市体系的网络研究中，通常将城市抽象为网络节点，城市之间的联系抽象为连接边，这种联系通常是指城市之间的经济流、资本流、信息流、企业空间组织流、交通流、人口迁移流等。已有的研究主要基于三类方法对城市间的关联关系进行测度：一是运用相互作用模型、辐射模型等方法构建长时间序列的城市相互关联数据；二是借鉴全球化与世界级城市研究小组与网络组织（GaWC）的高级生产者服务业（advanced producer services，APS）网络构建方法，以企业分支机构数据和企业服务赋值的方法建立不同产业部门的城市关联数据集；三是运用大数据采集方法实际测度城市间客流、信息流等流量数据。

本书以城市间相互联系的结构演变特征为目标，要求城市间联系的数据具有较好的连贯性和代表性。高级生产者服务业网络构建和大数据采集方法均需要大规模的调查工作，在数据样本大小、数据时间连续性上均存在较大的难度。因此，本书采用实测数据缺乏的情况下被广泛应用的空间相互作用模型方法进行城市空间关联。重力模型是地理学中最为经典的空间作用模拟模型之一，它将牛顿的重力法则引入空间联系的研究中来，既考虑了城市对外联系的产生量和吸引量，又考虑了两地之间的交通便捷程度、空间摩擦等因素，是城市关联研究中应用最为广泛的方法。

具体构建方法是，以重力模型为基本原型，采用经测算得出的对外服务量大小和最短时间距离矩阵来构建城市对外服务相互作用模型，为使服务联系具有方向性，增加方向权重系数 K，计算公式如下

$$V_{ij}=K_{ij}\times\frac{F_i\times F_j}{T_{ij}^2} \tag{5.1}$$

$$K_{ij}=\frac{F_i}{F_i+F_j} \tag{5.2}$$

式中，V_{ij} 是城市 i 和 j 之间的对外服务价值量，F_i、F_j 分别为城市 i 和城市 j 的各类型对外服务能力评价值，T_{ij} 是两城市间的最短时间距离，K_{ij} 为方向权重系数。

5.1.3 构建结果

1. 多值网络空间格局

基于城市相互作用模型，计算 2003—2014 年多种服务功能类型的对外服务联

系强度，对测度结果利用自然断裂法进行分级表示，得到长三角地区对外服务功能下群落结构演化的结果，如图 5.1 所示。

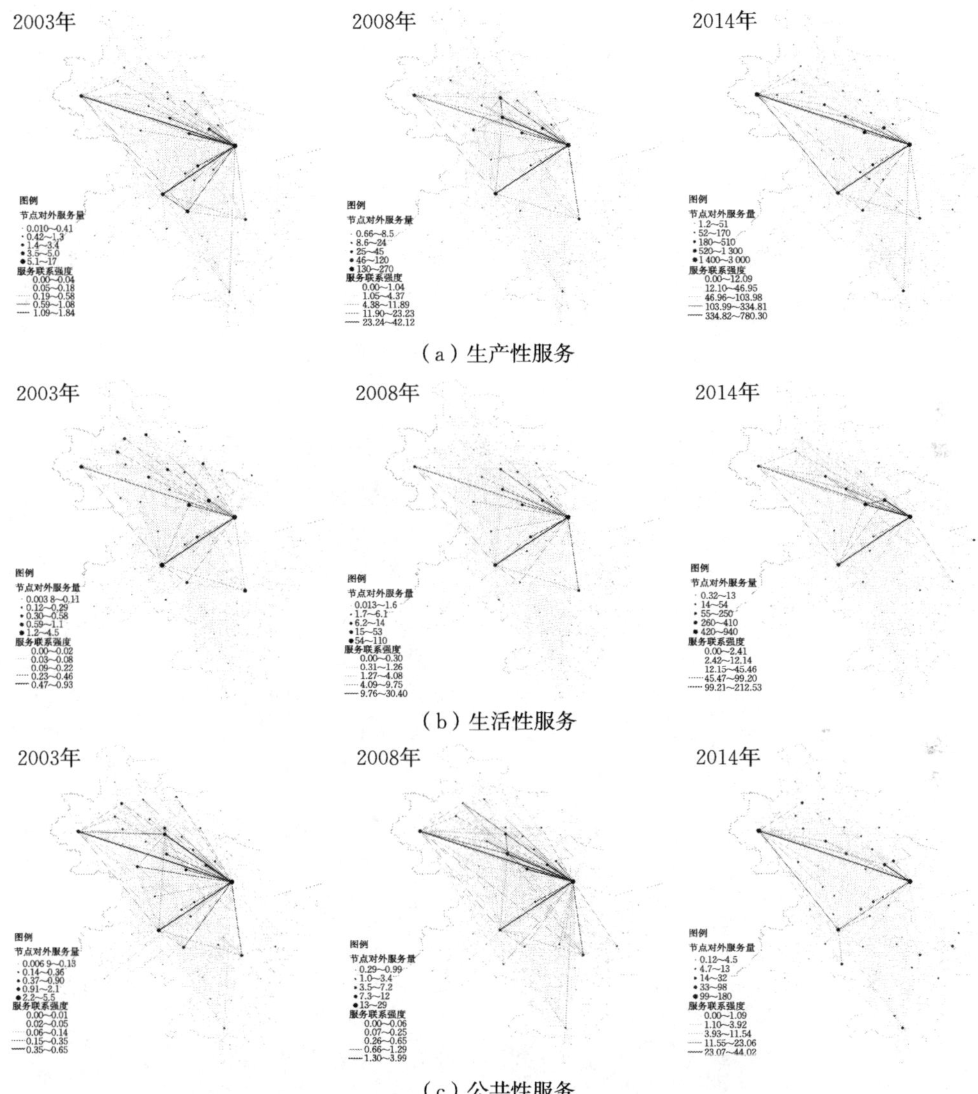

(a) 生产性服务

(b) 生活性服务

(c) 公共性服务

图 5.1　不同类型服务联系强度格局与演化

从图 5.1(a)中可以看出：2003 年，生产性服务联系作用下的城市群落以上海为辐射中心，以南京、杭州、绍兴为顶点，呈单中心放射状；2008 年，无锡、苏州、江阴、宁波等城市的辐射能力增强，高强度联系边出现在这些城市之间，城市群落呈多核心放射状；2014 年，城市群落呈明显的以上海、南京、杭州为顶点的"△"，对外服务联系高度集中在这三者之间的联系上。

图 5.1(b)展示了生活性服务联系作用下的群落结构特征:2003 年和 2008 年,城市之间权重较大的连接线主要存在于上海与杭州、昆山、苏州等周边城市之间,其中上海与杭州之间的联系最为紧密;2014 年,高等级的联系在空间上更为紧凑,高联系强度的连线集中于上海、昆山、杭州、太仓之间。

从图 5.1(c)中可以看出,公共性服务的群落结构以上海、南京、杭州、江阴等多个城市间的相互作用为主要骨架,自 2003 年开始经历了高等级联系的迁移和空间集中过程,2014 年高等级联系集聚在上海与南京之间。

2. 演化特征

为研究不同时段城市间服务联系的增加幅度和空间分布上的差异性,对两个时段城市间服务联系的变化量进行计算,并进行分级表达,结果如图 5.2 所示。

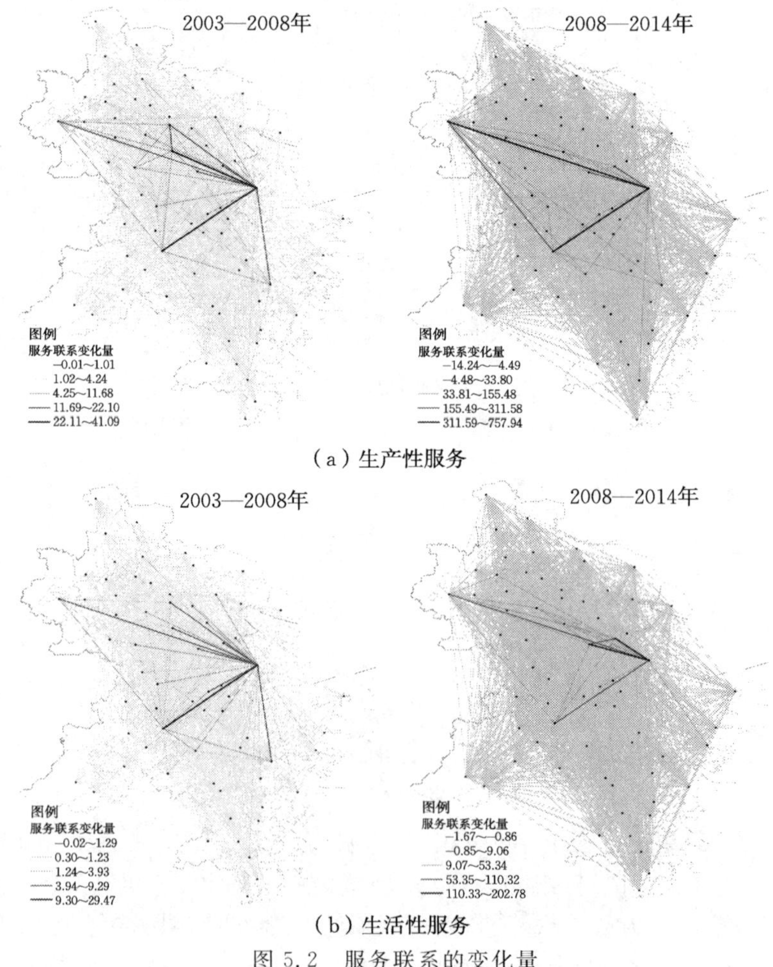

(a) 生产性服务

(b) 生活性服务

图 5.2　服务联系的变化量

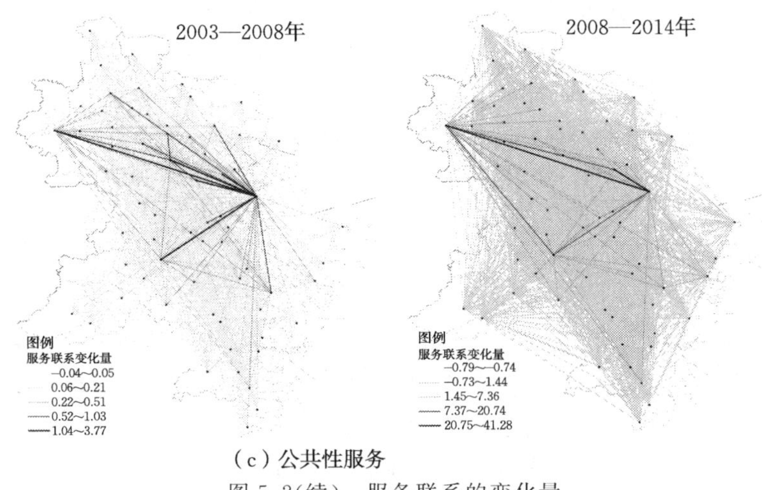

(c) 公共性服务

图 5.2(续)　服务联系的变化量

生产性服务联系方面，2003—2008 年，上海、杭州、无锡之间的联系强度增加量最大，其次为上海与宁波、江阴、苏州等地区，连接边权重增加较为明显。2008—2014 年，长三角地区整体的服务联系相较前一时段有很大程度增长。随着高速公路和动车的开通，区域范围内的空间可达性有了显著改善，进而推动整体服务联系强度增大。在高等级联系的增长上，南京、上海、杭州三者之间的联系强度增长显著。

生活性服务联系方面，2003—2008 年，以上海—杭州之间的联系增强最为显著，其次为上海与周边城市的联系；杭州与其周边地域的城市联系有一定程度的增长，南京的辐射增长不明显。2008—2014 年，增长以上海与昆山、苏州之间的联系最明显，其次为上海与南京、杭州的联系。

公共性服务联系方面，2003—2008 年，长三角地区各城市间联系有不同幅度提升，相较前两种服务联系的增长范围更大，表明这一时期公共性服务联系的增长趋势均衡。2008—2014 年，上海、南京、昆山、杭州之间的联系强度明显提升，其余城市的服务联系也明显增强。

为分析服务联系网络的内在结构特征，后面将对生产性、生活性、公共性服务作用下的三类群落结构演化进行进一步挖掘。

§5.2　生产性服务群落结构演化

生产性服务群落结构是以城市生产性服务价值为基础，城市间相互作用距离为服务发生条件，利用相互作用模型模拟出的城市间生产性服务功能联系网络。生产性服务作为现代服务业的核心内容，是新经济的重要组成部分。它是与制造业直接相关的配套性服务，是从制造业内部的生产服务部门派生出来而又独立发展起来的新兴产业功能。已有的研究认为，生产性服务是产业结构高级化和经济服务化的产物，是城市结构体系重塑的动力。如何挖掘在生产性服务作用下，不同等级城市的非均衡分布是本节要解决的主要问题。为此，基于前文构建的生产性服务联系，利用复杂网络的分析方法，分别从节点和网络两个层面进行群落结构演化挖掘分析。

5.2.1 节点分析

根据2003年、2008年和2014年长三角地区的生产性对外服务联系网络，得到不同时期各个节点的度数及其各个时段的变化量。为进一步研究城市节点度的空间分布及其演化规律，从节点的度值演变、幂率拟合特征、层级性演变、集-散类型演变四个方面对城市群落内的节点特征进行分析。

1. 节点度值演变

在权重网络中，节点度值是指与某一城市节点对外联系的所有连接边权重之和，由于本书的网络是有向网络，每个节点的度值可分为流出度、流入度和中心度，如图5.3所示。流出度是指城市对外辐射的服务量，流入度是别的城市流入该城市的服务量，中心度是流入度和流出度之和，反映了节点在整个城市群落中的相对重要程度。表5.1统计了2003年、2008年、2014年三个年份的节点度值平均值、标准差、变异系数，用于比较不同年份节点间的整体差异。计算了同一节点在不同年份的度值变化量，并按照自然断裂法将其分成五个层级，进行分级表征。

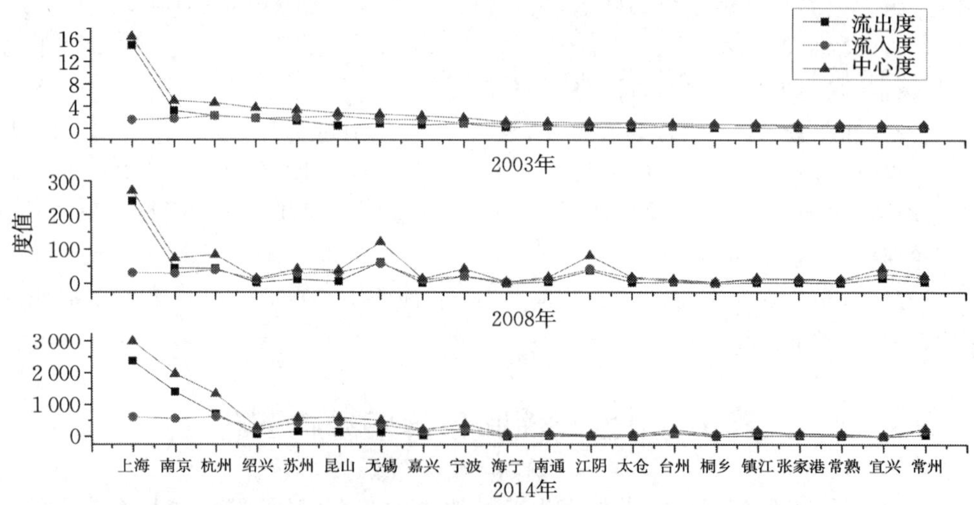

图5.3 生产性服务节点的度值(前20位度值)

表 5.1　生产性服务节点度值的统计特征

度值类型	2003 年			2008 年			2014 年		
	平均值	标准差	变异系数	平均值	标准差	变异系数	平均值	标准差	变异系数
流出度	0.46	1.89	4.10	8.04	31.15	3.87	84.24	342.99	4.07
流入度	0.46	0.59	1.28	8.04	12.24	1.52	84.24	147.21	1.74
中心度	0.93	2.22	2.38	16.07	39.22	2.44	168.48	463.89	2.75

由表 5.1 可知，2003—2014 年，城市间流出度的差异水平基本不变，变异系数维持在 4 左右，2008 年各节点的流出度变异系数有所减小，说明节点的辐射扩散能力趋向均衡；但从变异系数的绝对值大小来看，相对流入度、中心度的变异系数差异较大，表明节点的流出度离散程度较高，度值分布十分不均衡。从中心度的时间演变来看，三个研究年份的平均节点中心度分别为 0.93、16.07、168.48，节点中心度呈几何倍数增长，说明城市间生产性服务流量增大，城市节点服务能力显著提升；三个年份的节点中心度的标准差分别为 2.22、39.22、463.89，变异系数为 2.38、2.44、2.75，不断增长的标准差和变异系数表明高等级节点和低等级节点的中心度值差距加大。

节点度值变化的空间差异方面（图 5.4），2003—2008 年，度值增长最多的城市是上海，其次为南京、杭州、无锡和江阴，度值增长集中在太湖周边城市以及东南部的宁波、台州等城市；2008—2014 年，南京、上海的增长最为明显，其次为苏州、无锡、舟山、湖州以及嘉兴周边县级城市。总的来说，不同级别的城镇之间节点度值及其变化程度差异较大，核心城市如上海、南京、杭州得益于主城区空间可达性的便捷程度和生产性服务产业的发展与相互作用，与其他城市产生了密切的服务联系。大多数县级城市由于位于长三角地区的边缘地带，如淳安、建德、宝应等处于西北、西南的丘陵地区和东南沿海地带的城市，空间可达性较差，周围城市分布较少，节点度值增长速度明显慢于中心区域的城市，一些城市甚至出现了中心度值下降情况。

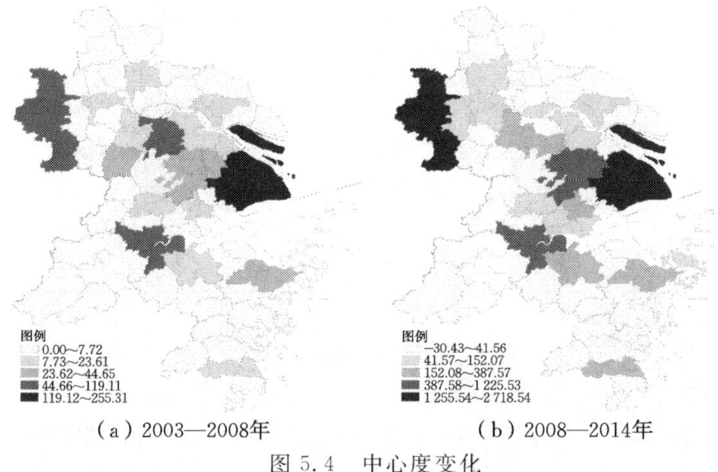

(a) 2003—2008年　　(b) 2008—2014年

图 5.4　中心度变化

2. 节点度幂率拟合特征

网络的连接结构并非完全规则也非完全随机，节点间的联系具有一定的偏好依附性。这种偏好依附性使得城市节点度值呈现不均衡的分布格局。在此以2003年、2008年、2014年三个年份的节点中心度值为基础，对度值进行由高到低的排序，获取不同年份节点中心度的分布散点图，并对其进行双对数拟合，如图5.5所示。

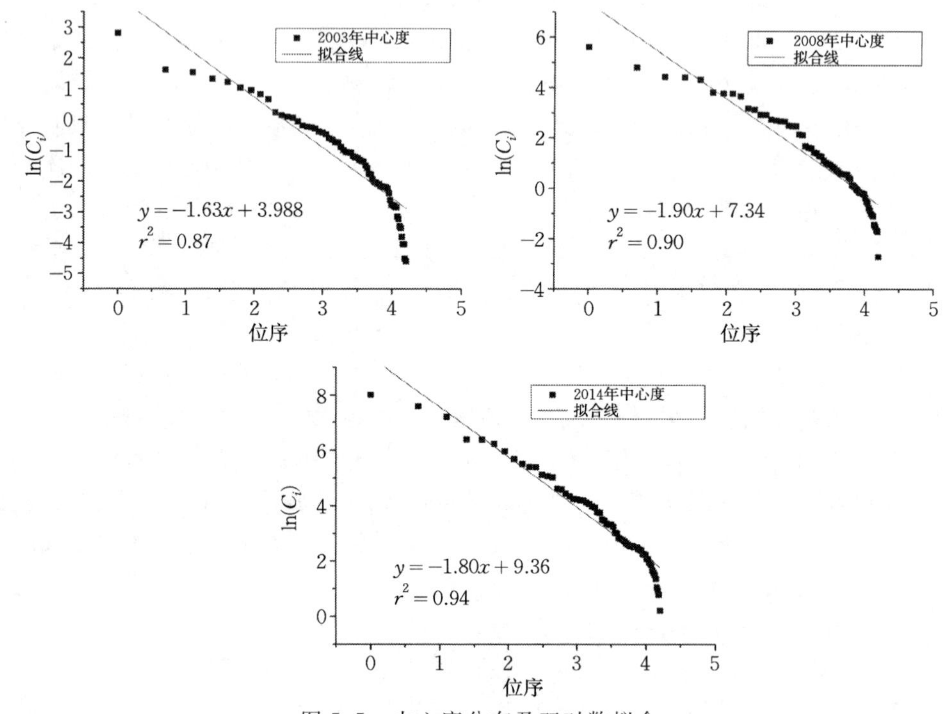

图5.5 中心度分布及双对数拟合

由节点度值的分布和双对数拟合结果可知，长三角地区城市生产性服务节点中心度呈幂律分布特征，幂律指数分别为1.63、1.90、1.80，呈先升后降的趋势，整体表现为上升。结合双对数拟合图中节点的分布状况，发现节点中心度值分布极不均衡，网络中存在少数城镇拥有大量高强度连接（高值较大且较少），而大多数节点则只拥有较小强度联系（低值较小但较多）。幂律指数整体表现为上升，节点服务强度有从低节点度城市向高度值城市集中的趋势，说明2003—2014年网络的连接边向少数几个城市节点集中，城市节点中心度的非均衡增长促进了节点度值分布的集中。

3. 节点层级性演变

为进一步分析各节点在服务群落中所处地位，本书以节点中心度为依据，利用自然断裂法对节点度值进行了层级划分，四个层级变动如表5.2所示。不同年份的对外服务群落结构中，上海的中心度值均处首位，外向功能水平均处于区域内最高水平。南京、杭州、绍兴、江阴、无锡、昆山、苏州在不同年份占据中心度第二层级，是区域范围内服务的次级中心。第三层级包括嘉兴、宁波、宜兴、常州、台州等城市。尽管不同年份的排序有所变动，但这些城市的中心性等级相对稳定，生产性服务功能较强。从层级结构的节点数百分比来看，2003 年各层级比重依次为 1.49％、4.48％、7.46％、86.57％，2008 年为 1.49％、5.97％、5.97％、86.57％，2014 年该比例变为 2.99％、4.48％、8.95％、83.58％，2003—2014 年节点数量比例变化不大，说明服务节点的层级结构相对固定，具有明显的长尾分布特征。多数城市的中心度很小，位于群落的边缘地位；少数城市的流出度很大，位于群落的中心地位。说明尽管近年来基础设施有了很大改善，各城市生产性服务业也获得了显著的发展，但核心城市具有较好的经济、医疗、卫生、教育等条件，不断吸引人力、资本等聚集，仍然维持着强者愈强的格局。

表 5.2　中心度分级统计

层级	2003 年	2008 年	2014 年
第一层级	上海	上海	上海、南京
第二层级	南京、杭州、绍兴	无锡、杭州、江阴、南京	杭州、昆山、苏州
第三层级	苏州、昆山、无锡、嘉兴、宁波	宜兴、宁波、苏州、昆山	无锡、宁波、绍兴、常州、台州、嘉兴
第四层级	海宁、南通、江阴、太仓、台州等 58 个城市	湖州、常州、太仓、南通、镇江等 58 个城市	镇江、湖州、扬州、南通等 56 个城市

4. 节点集-散类型演变

城市间的对外服务具有方向性，为了分析城市的集聚与扩散特征，以节点的流入、流出值为基础，计算每个节点的扩散指数。将扩散指数为正值的节点定义为扩散型城市节点如表 5.3 所示，2003 年、2008 年、2014 年的生产性服务网络中扩散型节点个数分别为 4、4、3。上海是扩散度最高的城市，三个年份的扩散指数分别为 81.24％、77.00％、59.01％，扩散指数在不断减小，反映出区域内其他城市服务能力的增强；南京是扩散度排第二的城市，扩散指数先减后增，到 2014 年已经达到约 43％；杭州各个年份均为扩散型城市，但其扩散指数并不高。除此之外，2003 年的绍兴和 2008 年的无锡分别以扩散功能为主导。除了这些城市之外，其他城市所接收到的服务价值均超过了自身向外辐射的服务价值，是区域范围内的服务集聚节点。扩散型节点多为区域中心城市，发挥着辐射扩散作用，集聚型节点多以接受中心城市辐射为主，在中心城市的带动下发展。

表 5.3　各年份扩散型城市节点

类型	2003 年	2008 年	2014 年
生产性服务	上海（81.24％）、南京（28.30％）、杭州（1.31％）、绍兴（0.59％）	上海（77.00％）、南京（19.36％）、杭州（5.35％）、无锡（2.61％）	上海（59.01％）、南京（42.71％）、杭州（6.56％）

5.2.2 垂直结构演化

城市间的流量存在巨大差异，不同流量控制下的网络所涉及的路径和节点不尽相同，城市群落因此在不同流量水平呈现出分层的现象。在复杂网络中，按不同的阈值对权重网络进行二值化后可进行拓扑结构的深入挖掘分析。为揭示城市对外服务流量的分层特征，此处以城市间对外服务量均值 V_{producer} 为初始阈值，经对比分析，采用 1 倍、4 倍和 16 倍均值作为阈值对城市对外服务网络进行切分，揭示城市对外服务网络的垂直分层结构特征。同时，统计不同流量控制下不同层次网络的节点数、路径数、流量强度和网络密度。

1. 基础层结构演化

以 $V_{ij} > V_{\text{producer}}$ 为阈值控制的生产性服务网络代表了该群落基础的路径分布状况。从图 5.6 和表 5.4 中可以看出，2003—2014 年，生产性服务群落结构不断演化。网络中节点数保持在 60 个左右，路径数随着时间的推移而大幅减少，从 468 条下降至 324 条。平均度值和群落密度逐步下降，平均每个节点所连接的路径数由 7 条降至 4 条，群落密度由 0.106 下降至 0.073；群落的中心势也呈下降趋势，由 0.844 降至 0.799；但群落的平均服务量大幅上升，尤其是 2008—2014 年上升了近 12 倍，服务量占比则由 89.52%上升至 92.77%。路径的减少和服务量占比的增加说明 2003—2014 年长三角地区生产性服务联系流量趋向于集中在中高等级的联系路径上，但群落中心势的下降也表明拓扑网络的空间均衡分布趋势。

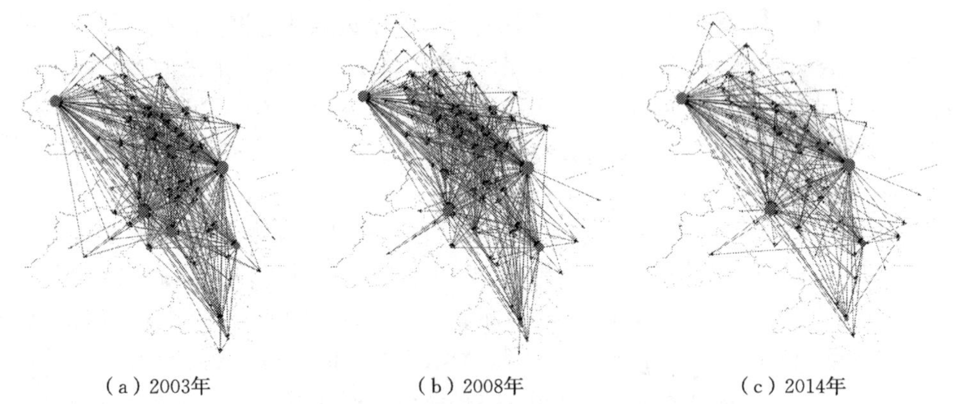

(a) 2003年　　(b) 2008年　　(c) 2014年

图 5.6 1 倍 V_{producer} 控制下生产性服务群落结构演化

表 5.4 1 倍 V_{producer} 控制下的服务网络特征

年份	节点数/个	路径数/条	平均度值	群落密度	中心势	平均路径长度	平均服务量	服务量占比/%
2003 年	62	468	6.985	0.106	0.844	1.871	0.059	89.52
2008 年	59	400	5.970	0.090	0.813	1.808	1.243	92.37
2014 年	60	324	4.836	0.073	0.799	1.816	16.161	92.77

2. 次核心层结构演化

次核心层是以 $V_{ij} > 4V_{producer}$ 为阈值控制的城市群落结构，如图 5.7 和表 5.5 所示，群落中的次核心节点开始显现。网络路径主要以南京、上海、杭州对周边地区的放射状结构为主，辅以部分区域服务节点对周边城市的辐射联系。从时序上来看，该流量层次下的服务网络同样经历了路径数减少、平均度值下降、群落密度缩小的过程，但服务量水平和服务量占比却逐步升高，到 2014 年服务量占比达 83.28%，说明这一层级同样经历了流量极化的过程。

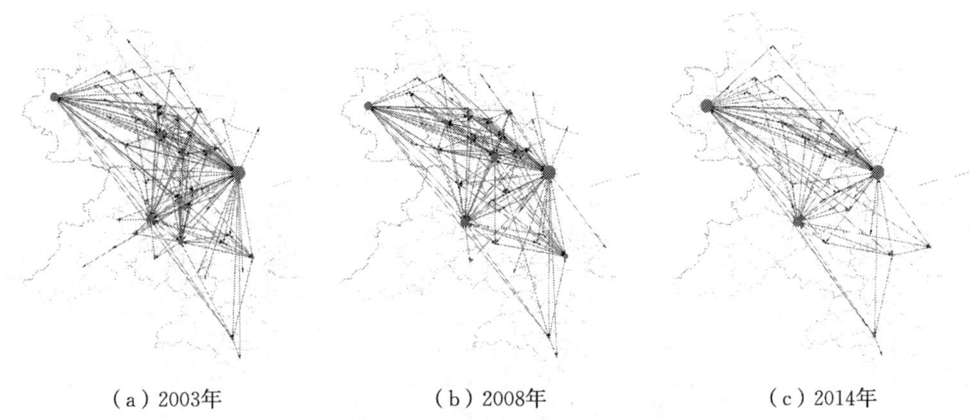

(a) 2003年　(b) 2008年　(c) 2014年

图 5.7　4 倍 $V_{producer}$ 控制下生产性服务群落结构演化

表 5.5　4 倍 $V_{producer}$ 控制下的服务网络特征

年份	节点数/个	路径数/条	平均度值	群落密度	中心势	平均路径长度	平均服务量	服务量占比/%
2003 年	49	165	2.463	0.037	0.711	1.875	0.143	76.13
2008 年	38	158	2.358	0.036	0.541	1.750	2.780	81.67
2014 年	39	113	1.687	0.026	0.458	1.872	41.590	83.28

3. 核心层结构演化

核心层结构以 $V_{ij} > 16V_{producer}$ 为阈值进行控制，核心节点和核心联系路径逐步清晰，如图 5.8 和表 5.6 所示。2003 年为以上海为核心的单核放射状。2008 年南京、杭州、苏州的作用提升。到 2014 年，南京的度值接近上海，杭州、无锡、苏州等城市的辐射作用开始显现，这一点在中心势的下降上得到印证。网络特征上，2003—2014 年节点数小幅下降，路径数和群落密度却呈波动上升趋势，说明高等级路径增加。平均路径长度呈递增趋势，节点间易达性降低，这与部分中介节点的退出有关，一些城市的服务流动不得不通过绕道中心城市进行构架，从而增加了城市间服务路径的长度。服务量的极化现象在这一层次得到凸显，2003 年该层次的服务量占比为 53.97%，到 2014 年该比例已经达到 71.05%，这些节点间的服务联系在整个群落中占有支配地位。

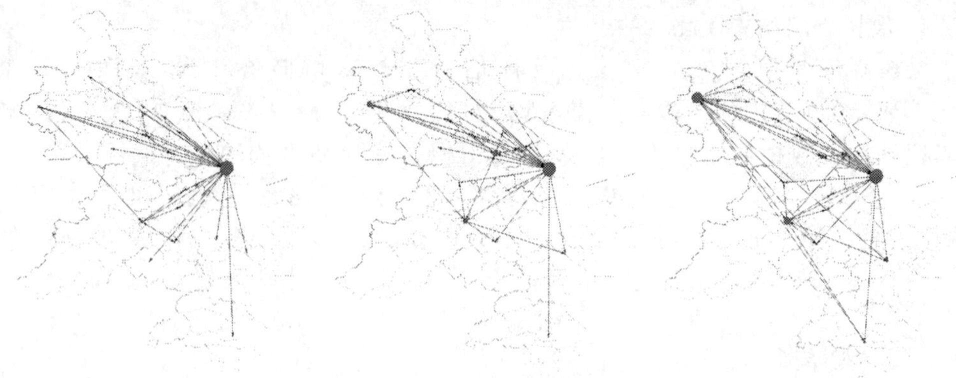

(a) 2003年 (b) 2008年 (c) 2014年

图 5.8 16 倍 $V_{producer}$ 控制下生产性服务群落结构演化

表 5.6 16 倍 $V_{producer}$ 控制下的服务网络特征

年份	节点数/个	路径数/条	平均度值	群落密度	中心势	平均路径长度	平均服务量	服务量占比/%
2003 年	26	40	0.597	0.009	0.381	1.68	0.42	53.97
2008 年	23	51	0.761	0.012	0.332	1.76	6.53	61.90
2014 年	21	43	0.716	0.011	0.270	1.90	93.25	71.05

5.2.3 水平结构演化

水平结构是研究不同资源配置状况下,城市群子群落的空间格局及其组合模式。水平结构的分析以城市之间的权重网络为依据,采用 Concors 算法对各类城市的对外服务联系进行水平结构的挖掘,旨在通过矩阵中行与列之间的相关系数迭代运算来产生分区。运用此算法可以将各类型对外服务网络分割成为 3 个层级的子群:一级层面为城市群整体;二级层面为 4 个子群;三级层面为 8 个子群。

1. 子群结构划分

子群划分以城市间服务关系密切程度为基准,相互关联性更强。按子群的归属等级将群落体系的嵌套结构表达在空间上以便于发掘其水平空间演化,如图 5.9 所示。并对子群划分结果的内部节点数、中心度值及核心节点进行统计,如表 5.7 所示。

表 5.7 子群统计情况

年份	子群	节点数/个	节点数占全网比例/%	中心度值	节点服务量占全网比例/%	核心节点
2003 年	1	3	4.48	25.03	40.39	上海
	2	28	41.79	16.01	25.83	无锡、昆山
	3	23	34.33	19.21	30.99	杭州、绍兴
	4	13	19.40	1.73	2.79	台州

续表

年份	子群	节点数/个	节点数占全网比例/%	中心度值	节点服务量占全网比例/%	核心节点
2008 年	1	4	5.97	550.02	51.08	上海
	2	27	40.30	284.95	26.46	苏州
	3	21	31.34	210.77	19.58	杭州
	4	15	22.39	30.96	2.88	台州
2014 年	1	7	10.45	5 692.22	50.43	上海、南京
	2	17	25.37	976.50	8.65	常州
	3	24	35.82	3 920.43	34.73	杭州
	4	19	28.36	699.10	6.19	绍兴

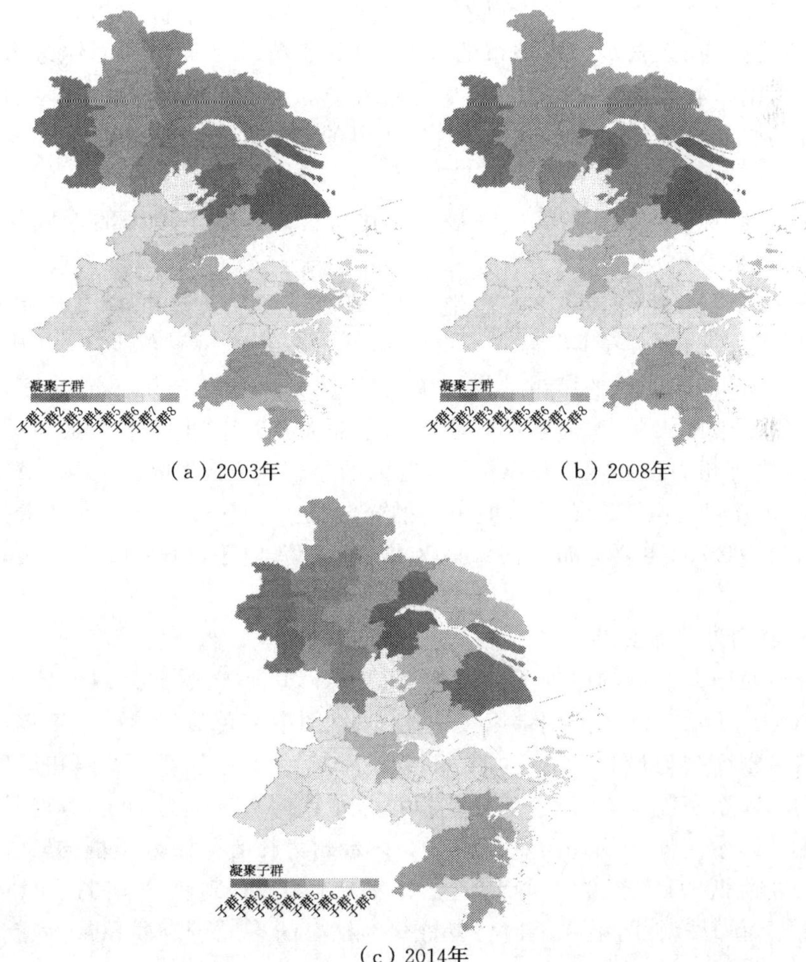

(a) 2003年　(b) 2008年

(c) 2014年

图 5.9　2003—2014 年长三角地区生产性对外服务子群结构演化

从图 5.9 可以看出，2003 年的生产性服务群落在二级层面大体可以分为四大子群系统：第一个大的子群包括上海、南京、苏州这三个城市，主要集中分布在沪宁一线，该子群以上海市为核心，在四个子群中节点服务量最高，是长三角地区生产性服务联系网络发育最好的区域；第二个子群主要包括长江以北的 16 个城市和苏南地区的 12 个城市，以无锡、昆山为核心，是四个子群中节点数量最多的子群，节点服务量在四个子群中排名第三；第三个子群以杭州、绍兴为核心，包括杭州湾周边以及西南地区共 23 个城市，节点服务量占全网比重达 30.99%，是长三角地区的第二大子群；第四个子群包括浙江东南沿海的共 13 个城市，以台州为子群核心，服务占比为 2.79%，服务量最小，网络发育较差。

2008 年的生产性服务群落在二级层面的格局整体不变，大体仍呈“由北向南”分布的格局。个别城市的二级子群划分有变化：如第一大子群中的苏州并入第二子群中，成为南通、太仓等周边城市的核心；原处于第二子群中的无锡进入第一子群，与上海、南京联系加强，三者组成服务联系强度最高的子群，占比达 51.08%；第二子群的服务量保持在 26%左右，第三子群的节点服务量下降近 7%，服务能力有所减弱。

2014 年的生产性服务群落呈明显的分化特征。打破了原来的地域邻近式分布格局，纵跨长三角地区的组团开始出现。第一子群以上海、南京为核心，加入了原属于第二子群的张家港、江阴、靖江等城市，这 7 个城市的服务量占比达 50.43%，为最大的服务子群；第二子群主要分布在镇—扬—泰地区，以常州为核心，共 17 个城市，该子群的城市数量大幅减少，服务量也随之下降，这与南通、苏州等城市的脱离密切相关；原属于第二子群的东部地区城市如苏州、南通等并入第三子群，形成以杭州为核心，纵贯东部沿海地区的子群，该子群包括 24 个城市，服务量占比达 34.73%，说明东部沿海城市间的横向服务联系有了较大幅度增强；第四子群以绍兴为核心，主要分布在西南地区和东南沿海地区，包括 19 个市镇，服务占比为 6.19%。

2. 子群内外联系分析

进一步对四大子群的内外关联密度进行统计，以考察子群的内外关联结构特征，如图 5.10 所示。从子群内部密度大小来看(图中灰色)，三个研究期内，第一个子群的网络密度均为最高，其次为第三个子群，其后分别为第二子群和第四子群。从子群间的联系密度来看，三个年份均以第一子群的对外辐射为主，其向外流出的联系密度远高于其他子群外向联系密度。以台州为核心的第四子群与其他子群间的联系密度最低，且主要为接受其他子群辐射，自身辐射能力较弱。具体来说，2003 年以上海为核心的第一子群与以杭州为核心的第三子群联系最为密切，流出密度为 0.104，高于其他两个方向的密度(0.099、0.015)。第二和第三子群的最大流出方向均为第一子群(0.008、0.016)，说明第一子群是所有子群间辐射和集聚的中心。2008 年，以上海为核心的第一子群最大流出方向改为流向以苏州为核心的第二子群(1.540)，流出密度高于流向以杭州为核心的第三子群(1.052)。2014 年子群结构进行了分化与重组，第一子群流向第三子群的密度大幅提升(11.307)，约为流向第二子群(5.064)的 2 倍，为流向第四子群(1.962)的 5 倍。第三子群的辐射能力也大幅提升，流入第一子群的联系密度达 2.666，远高于第二子群和第四子群。子群密度和联系方向的演变说明，长三角地区生产性服务的子群结构是以上海所在子群为核心的核-辐结构，其余三个子群围绕子群内的核心形成多个核-辐结构。子群间流动主要存在于第一子群与第二、三子群的辐射联系，第四子群的子群密度和辐射联系最弱。

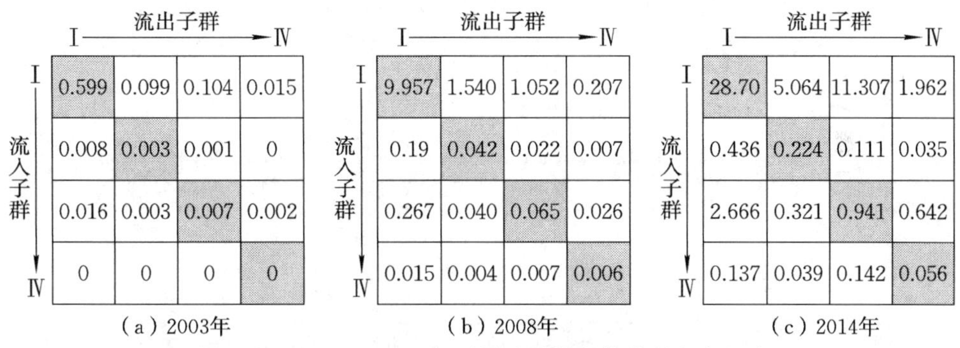

图 5.10　2003—2014 年不同子群的内外关联密度矩阵

§5.3　生活性服务群落结构演化

以生活性服务联系为载体构建的功能性群落结构被称为生活性服务群落结构。生活性服务是服务经济的重要组成部分，它直接向居民提供物质和精神生活消费产品及服务，其产品、服务用于解决购买者生活中的各种需求。生活性服务功能的服务对象以最终消费者为主，包括餐饮、住宿、居民服务等。一般而言，生活性服务的分布也以消费者为导向，受个体消费者分布格局的影响最大，加之其对规模门槛的要求相对于生产性服务低，生活性服务业的空间分布与生产性服务业相比存在较大差异。因此，生活性服务联系作用下的功能群落必然呈现出不一样的空间分布特征和发展趋势。本节以生活性服务联系为基础，利用复杂网络分析方法，对长三角地区生活性服务功能群落结构进行分析。

5.3.1　节点分析

根据 2003 年、2008 年和 2014 年长三角地区的生活性对外服务联系网络，计算得到不同时期各个节点的度值及其各个时段的变化量。为进一步研究城市节点度的空间分布及其演化规律，从节点的度值演变、幂率拟合特征、层级性演变、集散类型演变四个方面对城市群落内的节点特征进行分析。

1. **节点度值演变**

三个研究期的节点流出度、流入度和中心度如图 5.11 所示。对三个年份的节点度值平均值、标准差、变异系数进行统计，用于比较不同年份节点间的整体差异，如表 5.8 所求。并计算同一节点在不同年份的度值变化量，按照自然断裂法将其分成五个层级，进行分级表征。

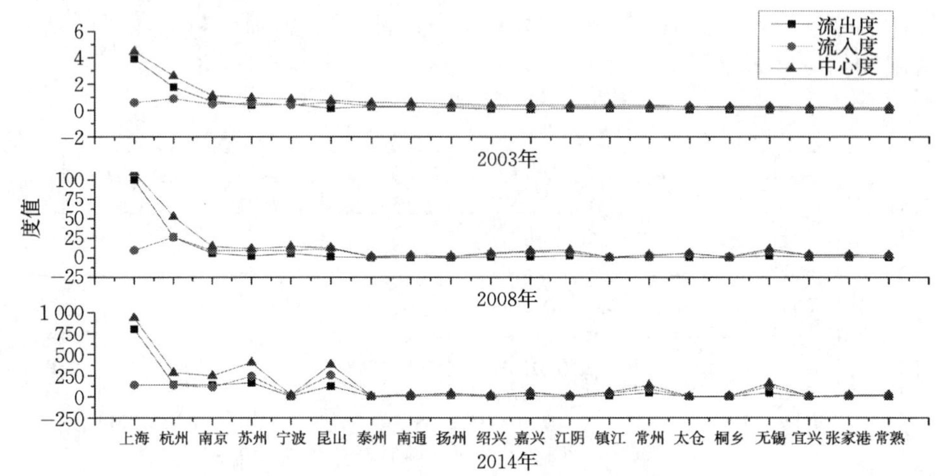

图 5.11　生活性服务节点的度值分布(前 20 位度值)

表 5.8　生活性服务节点度值的统计特征

度值类型	2003 年			2008 年			2014 年		
	平均值	标准差	变异系数	平均值	标准差	变异系数	平均值	标准差	变异系数
流出度	0.14	0.52	3.76	2.31	12.55	5.43	23.38	102.66	4.39
流入度	0.14	0.17	1.23	2.31	4.10	1.77	23.38	50.69	2.17
中心度	0.28	0.64	2.32	4.63	14.82	3.20	46.76	137.65	2.94

由表 5.8 可知，三个研究年份的平均节点中心度分别为 0.28、4.63、46.76，节点中心度增长迅速，城市节点的生活性服务流量大幅提升。三个年份的节点中心度的变异系数分别为 2.32、3.20、2.94，变异系数先增后减，整体呈增长趋势，表明 2003—2008 年节点中心度的离散程度提高，2008—2014 年离散程度下降，后一时期节点间差异有缩小的趋势。流出度的变异系数与整体的趋势相似，说明节点的辐射扩散能力经历了极化—均衡的两个演变过程；从变异系数的绝对值大小来看，流出度相对流入度、中心度的变异系数差异较大，表明节点的流出度离散程度较高，度值分布不均衡。

节点度值变化的空间差异明显(图 5.12)，2003—2008 年度值增长最多的城市是上海，其次为杭州、南京、太湖周边城市，东南部的绍兴、宁波等城市也有较小幅度的增长。2008—2014年以上海的增长最为明显,其次为南京、杭州、苏州、无锡、常州、镇江、嘉兴等城市。综合来看,2003—2008年节点度值增长的城市数量更多,范围更大,2008—2014年,增长集中在沪宁线上的城市和杭州、舟山等城市。大部分边缘地区的城市节点中心度提升不明显,这与边缘地区城市空间可达性的便捷程度较低以及生活性服务发展受限有关。

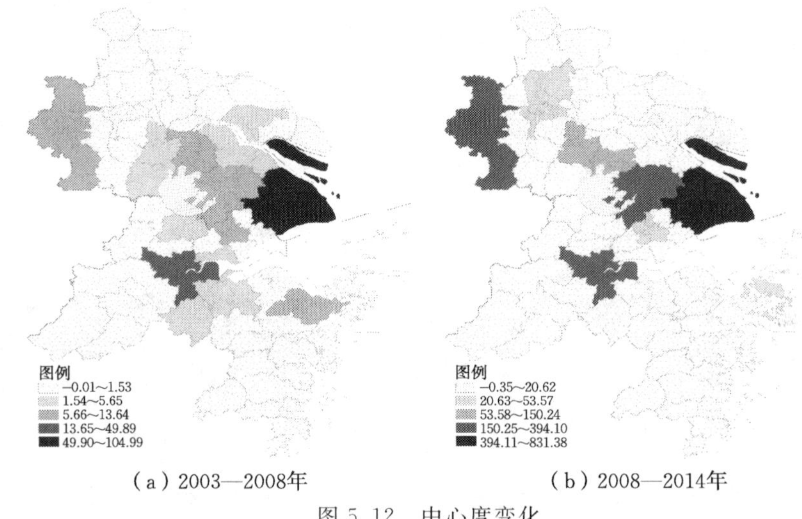

(a) 2003—2008年　　(b) 2008—2014年

图5.12 中心度变化

2. 节点度幂率拟合特征

为考察节点是否具有无标度网络特征,以2003年、2008年、2014年三个年份的节点中心度值为基础,对度值进行由高到低的排序,获取不同年份节点中心度的分布散点图,并对其进行双对数拟合,如图5.13所示。

结果表明,城市生活性服务网络属于无标度网络,节点中心度具有幂律分布特征,在双对数坐标中表现为一条下降的直线。节点拟合的幂律指数分别为1.547、1.776、1.786,三个年份的指数均在1~2,表明节点度值分布不均衡,排名靠前的核心节点在网络连接比重方面具有显著优势。节点的择优连接偏好明显,随着节点度的增大,其增加量逐步增大,形成了富者越富的马太效应,城市间节点中心度的差异性增大。

3. 节点层级性演变

节点中心度体现了城市节点在群落中的地位,以节点中心度为依据,利用自然断裂法对节点度值进行层级划分,三个年份的层级变动如表5.9所示。2003年上海、杭州为第一层级,是群落中的核心城市,第二层级为南京、苏州、宁波、昆山。各层级的城市数量比重为2.99%、5.97%、13.43%、77.61%,第四层级数量较多,说明大多数城市的中心度值较低。2008年上海仍居第一位,杭州退出第一层级,成为第二层级中唯一的城市。南京、宁波、苏州、昆山等城市与上海、杭州的中心度值差距加大，城市下降至第三层级。各层级的城市数量比重为 1.49%、1.49%、10.45%、86.57%，节点中心度离散程度升高，度值分布趋向不均衡。到 2014 年，第二层级的苏州、昆山超过杭州，与杭州一起成为长三角地区的次级生活性服务中心，常州上升至第三层级，江阴、宁波、嘉兴等城市下降至第四层级。各层级比重分别为 1.49%、4.48%、4.48%、89.55%，第四层级比重迅速上升，前面三个层级的城市数量减少，“长尾”特性有所加强。

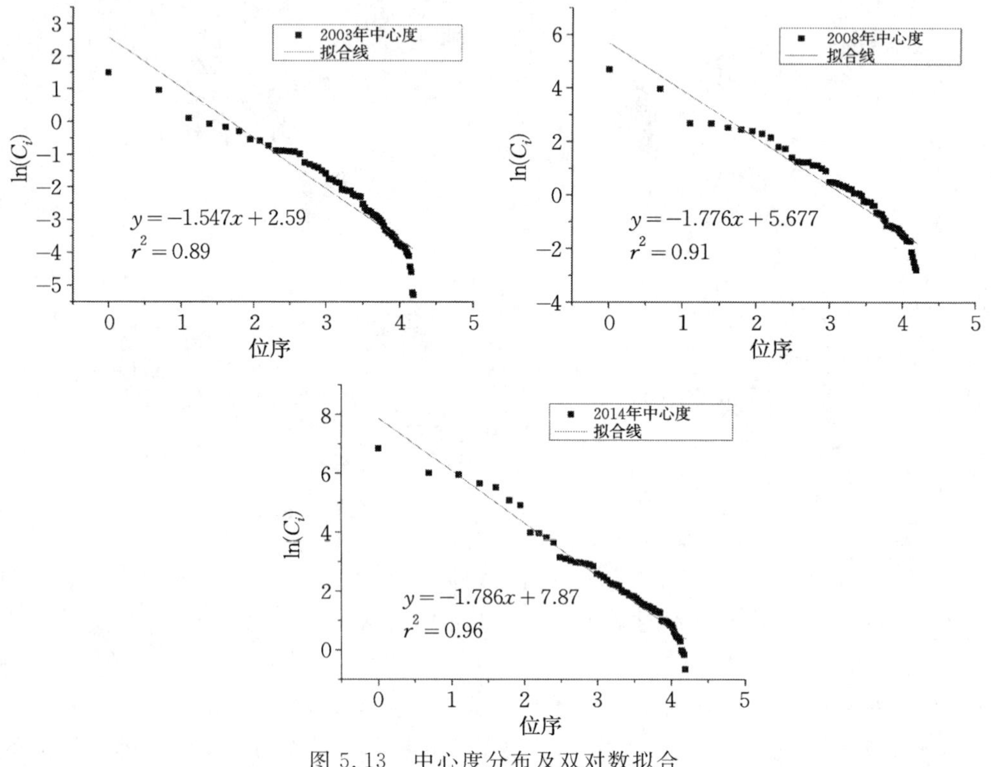

图 5.13　中心度分布及双对数拟合

表 5.9　中心度分级统计

层级	2003 年	2008 年	2014 年
第一层级	上海、杭州	上海	上海
第二层级	南京、苏州、宁波、昆山	杭州	苏州、昆山、杭州
第三层级	泰州、南通、扬州、绍兴、嘉兴等 9 个城市	宁波、南京、昆山、苏州、无锡、江阴、嘉兴	南京、无锡、常州
第四层级	桐乡、无锡、宜兴、张家港、常熟等 52 个城市	绍兴、太仓、湖州、宜兴、张家港等 58 个城市	镇江、嘉兴、舟山、扬州等 60 个城市

4. 节点集-散类型演变

以节点的流入、流出值为基础，计算了生活性服务群落中各节点的扩散指数，将扩散指数为正值的节点定义为扩散型城市节点。由表5.10可以看出，2003年、2008年、2014年的生产性服务网络中扩散型节点个数分别为4、1、3。上海是扩散度最高的城市，三个年份的扩散指数分别为73.84%、82.54%、70.76%，扩散指数先增后减，在2008年成为长三角地区唯一的扩散型城市节点，反映出该年份其他节点与上海的生活性服务能力差距加大。2003年的扩散型节点还有杭州、南京、宁波，其扩散指数分别为33.26%、18.04%和4.43%；2014年的扩散型节点还有南京和杭州，扩散指数分别为9.04%和2.15%，这些城市是该类型群落中以辐射扩散为主的节点，外向功能较强。其余城市尽管也在区域中发挥了一定的辐射扩散作用，但在群落中也接收了较多的外来服务流量，因此其辐射扩散功能不明显。

表5.10　各年份扩散型城市节点

类型	2003年	2008年	2014年
生活性服务	上海（73.84%）、杭州（33.26%）、南京（18.04%）、宁波（4.43%）	上海（82.54%）	上海（70.76%）、南京（9.04%）、杭州（2.15%）

5.3.2　垂直结构演化

城市群落在不同流量水平呈现出分层的现象，不同流量控制下的流动网络中参与的节点数、路径数、流量占比差异显著。在复杂网络中，按不同的阈值对权重网络进行二值化后可进行拓扑结构的深入挖掘分析。为揭示城市对外服务流量的分层特征，此处以城市间对外服务量均值 $V_{consumer}$ 为初始阈值，经对比分析，采用1倍、4倍和16倍均值作为阈值对城市对外服务网络进行切分，揭示城市对外服务网络的垂直分层结构特征。同时，统计不同流量控制下不同层次网络的节点数、路径数、流量强度和网络密度。

1. 基础层结构演化

以1倍均值为阈值控制的生活性服务网络是群落中一定意义上的路径，对于分析城市群落的整体格局具有较大意义。从图5.14和表5.11可以看出，生活性服务群落中核心节点和路径不断演变，辐射路径、辐射范围不断变化。2003—2014年，网络中的节点数有所增长，由54增至62，表明参与到生活性服务网络中的节点增多，范围扩大；路径数大幅下降，由481降至277；节点的平均度值下降迅速，由7.179降至4.134，说明流量越来越集中在少数路径上。这种流量集中导致群落密度迅速下降，服务量占比却大幅升高。2003—2014年长三角地区生活性服务联系同样经历了流量集中、网络权力极化的过程。

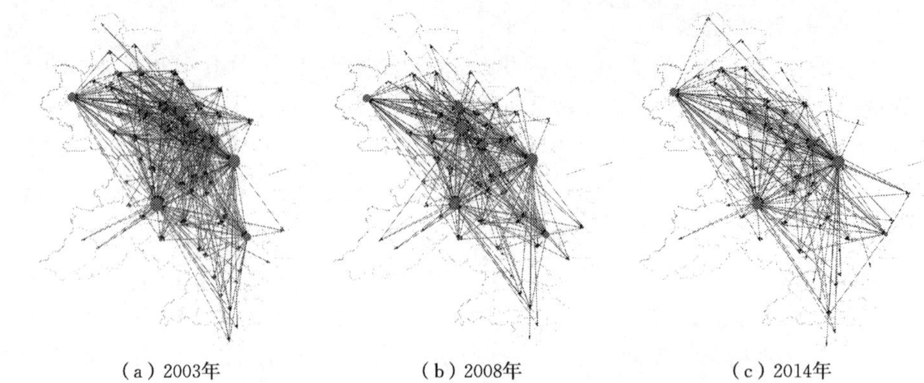

图 5.14 1 倍 $V_{consumer}$ 控制下生活性服务群落结构演化

表 5.11 1 倍 $V_{consumer}$ 控制下的服务网络特征

年份	节点数/个	路径数/条	平均度值	群落密度	中心势	平均路径长度	平均服务量	服务量占比/%
2003 年	54	481	7.179	0.109	0.872	1.862	0.02	89.14
2008 年	63	264	3.940	0.060	0.907	1.885	0.55	93.10
2014 年	62	277	4.134	0.063	0.888	1.852	5.28	93.42

2. 次核心层结构演化

次核心层是以 $V_{ij} > 4V_{consumer}$ 为阈值控制的城市群落结构，群落中的多个次核心节点开始显现，在它们的辐射作用下，生活性服务群落呈多核心放射状，如图 5.15 和表 5.12 所示。从各个指标的演变来看，该流量层次下的节点数开始减少(由 45 降至 37)，路径数也大幅下降(由 166 降至 107)，由此导致的平均度值、群落密度大幅下降(2.478 降至 1.597，0.038 降至 0.024)，该层级的联系网络渐趋稀疏。服务量水平和服务量占比却逐步升高，到 2014 年服务量占比达 85%，这与该网络的整体趋势一致。值得注意的是该层级的网络中心势由 2003 年的 0.633 降至 2014 年的 0.475，呈现出多中心发展的趋势。

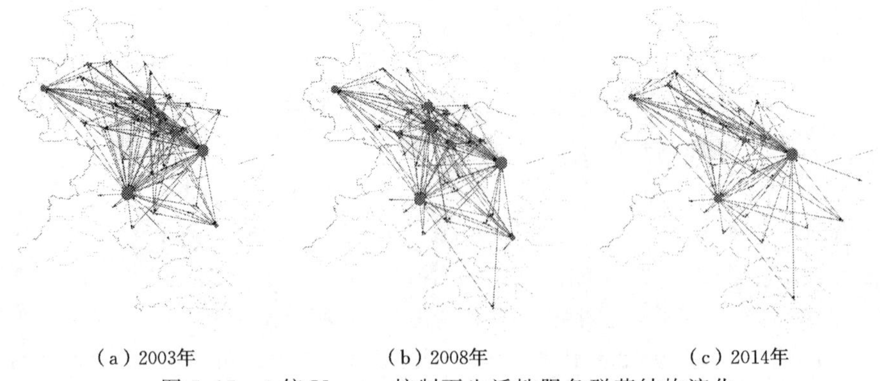

图 5.15 4 倍 $V_{consumer}$ 控制下生活性服务群落结构演化

表 5.12　4 倍 $V_{consumer}$ 控制下的服务网络特征

年份	节点数/个	路径数/条	平均度值	群落密度	中心势	平均路径长度	平均服务量	服务量占比/%
2003 年	45	166	2.478	0.038	0.633	1.725	0.04	74.51
2008 年	46	120	1.791	0.027	0.675	1.731	1.11	86.23
2014 年	37	107	1.597	0.024	0.475	1.847	12.48	85.25

3. 核心层结构演化

核心层结构以 $V_{ij} > 16V_{consumer}$ 为阈值进行控制，该层次的网络仅核心节点和核心联系路径，因此适合挖掘群落的核心网络结构特征，如图 5.16 和表 5.13 所示。2003 年的辐射网络以上海、杭州、江阴为中心向苏锡常地区城市及绍兴、宁波等城市进行辐射。2008 年无锡的中心度增加，与上海、杭州、江阴的城市一起发挥外向服务的功能。2014 年，苏州、常州、昆山、镇江等城市的中心功能显现，服务联系在这些节点之间构建，网络覆盖范围缩小。反映在网络特征上，2003—2014 年节点数大幅下降，路径数和群落密度基本维持不变，说明高等级路径在空间上趋向集中。该层级的服务联系在整个群落中占有支配地位，服务量占比达 73.96%，中心势大幅下降，与次核心层的结构演变相似，均呈多中心发展态势。

(a) 2003年　(b) 2008年　(c) 2014年

图 5.16　16 倍 $V_{consumer}$ 控制下生活性服务群落结构演化

表 5.13　16 倍 $V_{consumer}$ 控制下的服务网络特征

年份	节点数/个	路径数/条	平均度值	群落密度	中心势	平均路径长度	平均服务量	服务量占比/%
2003 年	26	49	0.731	0.011	0.363	1.616	0.10	54.77
2008 年	28	42	0.627	0.009	0.412	1.611	2.74	74.15
2014 年	17	45	0.672	0.010	0.208	1.795	25.75	73.96

5.3.3　水平结构演化

以城市间生活性服务联系强度为基础数据，采用 Concors 算法对各类城市对外服务联系进行水平结构的挖掘，旨在通过矩阵中行列之间的相关系数迭代运算来产生分区。运用此算法将各类型对外服务网络分割成为 3 个层级的子群：一级层面为城市群整体；二级层面包括 4 个子群；三级层面包括 8 个子群。

1. 子群结构划分

在 UCINET 软件中对长三角地区生活性服务群落进行子群结构的划分，按子群的归属等级将群落体系的嵌套结构表达在空间上以便发掘其水平空间演化，如图 5.17 所示，并对子群划分结果的内部节点数、中心度值及核心节点进行统计，如表 5.14 所示。

图 5.17　2003—2014 年长三角地区生活性对外服务子群结构演化

表 5.14　子群统计情况

年份	子群	节点数/个	节点数占全网比例/%	中心度值	中心度值占全网比例/%	核心节点
2003 年	1	5	7.46	9.87	53.10	上海
	2	33	49.25	6.12	32.95	泰州、南通
	3	14	20.90	1.33	7.14	绍兴
	4	15	22.39	1.27	6.81	宁波
2008 年	1	40	59.70	171.5	55.33	杭州
	2	1	1.49	109.5	35.32	上海
	3	10	14.93	19.2	6.19	绍兴
	4	16	23.88	9.8	3.16	台州
2014 年	1	21	31.35	2 503.9	79.92	上海
	2	13	19.40	135.2	4.32	扬州、镇江
	3	13	19.40	107.6	3.43	湖州、绍兴
	4	20	29.85	386.4	12.33	杭州

从图 5.17 可以看出，2003 年的生活性服务群落在二级层面形成四个子群：沪宁杭子群、长江沿岸子群、西南山区子群、东南沿海子群。沪宁杭子群是长三角地区各个子群的核心，以上海、南京、杭州为顶点，加上苏州、昆山两个城市，围绕太湖呈三角形分布。这些城市之间的生活性服务联系强度最大，以最小比例的节点数(7.46%)占据全网最大比重的中心度值(53.10%)。长江沿岸子群是最大的子群，拥有 33 个城市节点，空间上横跨长江两岸，进一步可细分为两个三级的子群，主要包括以泰州为中心的西北片区和以南通为中心的东部入海口片区。第三个子群主要分布在长三角西南部的山区地带，以绍兴为中心，包括湖州、建德、诸暨等共 14 个城市。第四个子群是以宁波为中心的东南沿海子群，节点数共有 15 个。这两个子群的中心度值比重均在 6%～8%，节点在整体网中的重要程度不及前两个子群。

2008 年，生活性服务群落发生了较大的格局变动，以杭州为核心的第一个子群联合南京、苏州、南通、泰州的长三角北部城市，形成该年份最大的二级子群。该子群主要包括两个三级子群，原西北部以泰州为中心的子群以及东部沿海横跨长江和杭州湾的子群，子群内部节点数为 40 个，节点的中心度值占比为 55.33%。上海由于自身的服务能力远超其他城市，且是 2008 年唯一的扩散型节点，将其单独划为一个子群，尽管只有一个节点，但其节点度值占全网的 35.32%，在网络中占绝对主导地位。第三和第四子群与 2003 年的格局大体相同，三级层面的子群格局稍有调整，嵊州、新昌由第四子群归入第三子群。

2014 年的生活性服务群落进一步分化重组，长三角北部的子群被切分为两个子群，即以上海为中心的东部沿海子群，以及以泰州和镇江为中心的西北部子群。这两个子群分别拥有节点数 21 个和 13 个，节点度值的比重却差异巨大，分别为

79.92%和 4.32%。原属于第一子群的溧阳、宜兴并入西南地区的第三子群,仍以湖州、绍兴为中心,中心度值比重下降至 3.43%。值得注意的是,杭州、桐乡、舟山等城市被纳入东南沿海子群,使得一直以来服务量最低的子群内部联系有了很大提升,由 3.43%升至 12.33%,说明该时期杭州与东南沿海的联系加强,大大改善了其长久以来作为对外联系"洼地"的境况。

2. 子群内外联系分析

进一步对四大子群的内外关联密度进行统计,以考察子群的内外关联结构特征,如图 5.18 所示。从子群内部密度大小来看(图中灰色),生活性服务子群联系密度远远低于生产性服务的子群。2003—2014 年各子群内部联系有所增长,其中第一子群增长最快,网络密度最高;其次为第二子群;第三和第四子群联系密度最低,在 2003 年的内部联系为 0,主要为承接外来服务流量,到 2008 年开始与其他子群有相互联系。

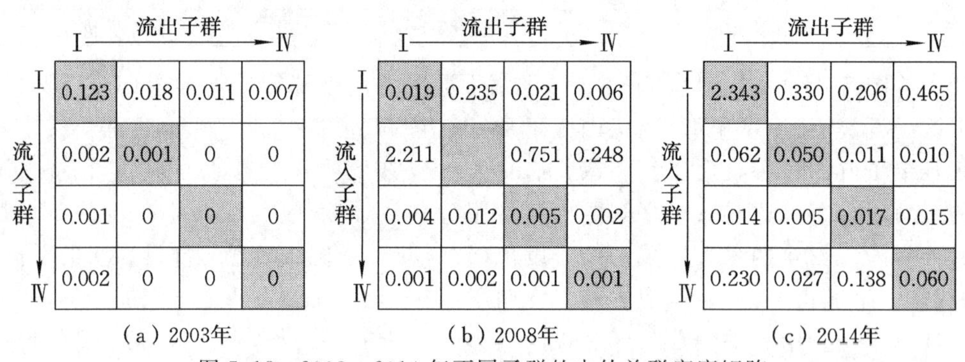

图 5.18　2003—2014 年不同子群的内外关联密度矩阵

从子群间的联系密度来看,2003 年的第一子群是主要辐射中心,向外辐射的联系密度由第二向第四子群递减。第二子群尽管拥有最多的节点数,但其对外辐射仅向第一子群流出(0.002),与第三、第四子群的联系缺失(0,0)。以绍兴、宁波为核心的第三和第四子群仅向第一子群有微弱辐射联系,与其他方向的联系都很弱。2008 年的子群格局发生了很大的调整,上海作为单核子群承担了主要的辐射功能,向以杭州为核心的第一子群辐射联系最强(2.211),其次为向南部第三和第四子群辐射(0.751、0.248)。2014 年上海与南京构成第一子群,辐射方向主要为以杭州为核心的第四子群(0.465),以扬州、镇江为核心的第二子群(0.330),最后才是湖州、绍兴方向的第三子群(0.206)。第四子群因为有了杭州的加入,对外辐射和对内联系都有了很大的提升,对外主要联系方向是第一子群(0.230),其次为湖州、绍兴方向的第三子群(0.138)。综合来看,上海、杭州的子群归属是影响子群间联系格局的最为重要因素,由于交通路网和自身生活性服务的发展,第三和第四子群在生活性服务群落中的作用和结构融入程度提升显著。

§5.4　公共性服务群落结构演化

公共性服务群落是以城市公共性服务价值为基础，城市间相互作用距离为服务发生的条件，利用相互作用模型模拟出的城市公共性服务功能联系网络。公共性服务是以政府部门为主，面向企业和个人提供的非排他性、非竞争性的公共产品。公共性服务是当代城市不可或缺的发展基础，在防止和纠正市场失灵、促进城市现代化发展、实现收入分配公平、满足市民生存和发展需要等方面作用明显。一般而言，公共性服务以特定的城市区域为服务范围，具有高度集约型和集聚性特征，但随着交通、信息等要素交流的频繁与扩展，公共服务也出现了外部性扩散的特征，对周边服务水平较低的地区起辐射带动作用。因此，挖掘区域范围内公共性服务的非均衡分布及其相互作用结构对研究当前城市群结构具有深远意义。基于前文构建的公共性服务联系，利用复杂网络的分析方法，分别从网络的节点和网络两个层面进行群落结构演化的挖掘和分析。

5.4.1　节点分析

根据 2003 年、2008 年和 2014 年长三角地区的公共性对外服务联系网络，得到不同时期各个节点的度数及其各个时段的变化量。为进一步研究城市节点度的空间分布及其演化规律，从节点的度值演变、幂率拟合特征、层级性演变、集-散类型演变四个方面对城市群落内的节点特征进行分析。

1. 节点度值演变

节点的公共性服务流出度、流入度和中心度存在较大差异，如图 5.19 所示。这里统计了 2003 年、2008 年、2014 年三个年份的节点度值平均值、标准差、变异系数，用于比较不同年份节点间的整体差异，如表 5.15 所示。计算了同一节点在不同年份的度值变化量，并按照自然断裂法将其分成五个层级，进行分级表征。

表 5.15　公共性服务节点度值的统计特征

度值	2003 年			2008 年			2014 年		
类型	平均值	标准差	变异系数	平均值	标准差	变异系数	平均值	标准差	变异系数
流出度	0.16	0.64	3.86	0.94	3.41	3.62	7.27	23.77	3.27
流入度	0.16	0.19	1.13	0.94	1.05	1.12	7.27	9.52	1.31
中心度	0.33	0.75	2.27	1.88	4.06	2.16	14.54	31.85	2.19

由表 5.15 结合表 5.1、表 5.8 可知，公共性服务节点度值相对生产性、生活性服务联系作用下的节点度值增长较慢。2014 年的公共服务性平均中心度值仅为生产性度值均值的 1/11、生活性度值均值的 1/3，这是由公共性服务本身的增长速度、规模与前两类服务功能差异较大导致的。但公共性服务节点的中心度均值在

研究期内也有了明显的增长，由 2003 年的 0.33 增至 2014 年的 14.54，节点的对外服务能力显著提升。三个年份节点中心度的标准差分别为 0.75、4.06、31.85，消除测量尺度和量纲的影响之后，变异系数测度结果为 2.27、2.16、2.19，不断下降的变异系数表明实质上公共性服务群落中的高等级节点和低等级节点的中心度值差距有了一定程度的缩减。流出度代表了节点的扩散能力，从流出度的变异系数演变来看，2003—2014 年，城市间流出度的差异水平呈下降趋势，由 3.86 降至 3.27，节点的辐射扩散能力趋向均衡；从变异系数的绝对值大小来看，较生产性、生活性中的相应指标低，表明节点的流出度离散程度较低，度值分布相对均衡。

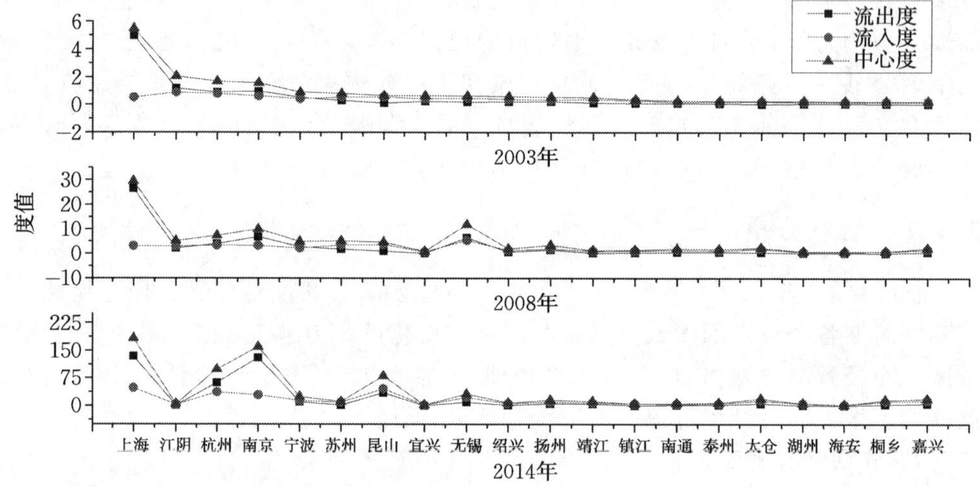

图 5.19 公共性服务节点的度值分布(前 20 位度值)

节点度值变化的空间差异方面(图 5.20)，2003—2008 年度值增长最多的城市是上海，其次为南京、无锡，度值增长集中在苏锡常地区和杭州湾地区；2008—2014 年以南京、上海、杭州的增长最为明显，其次为常州、无锡、嘉兴、宁波和台州。综合来看，节点中心度也经历了非均衡式增长的过程，核心城市的度值增长明显，且以后一时期增长范围更大、幅度更大。相较前两类服务群落中节点度值的变化，更多的节点出现了节点度值提升，这与各级政府努力强化政府公共服务能力，重视发展教育、卫生、科技等社会公共服务事业，加大对欠发达地区的公共社会事业的财政支持和项目支撑力度密切相关。

2. 节点度幂率拟合特征

以 2003 年、2008 年、2014 年三个年份的节点中心度值为基础，对度值进行由高到低的排序，获取不同年份节点中心度的分布散点图，并对其进行双对数拟合，如图 5.21 所示。

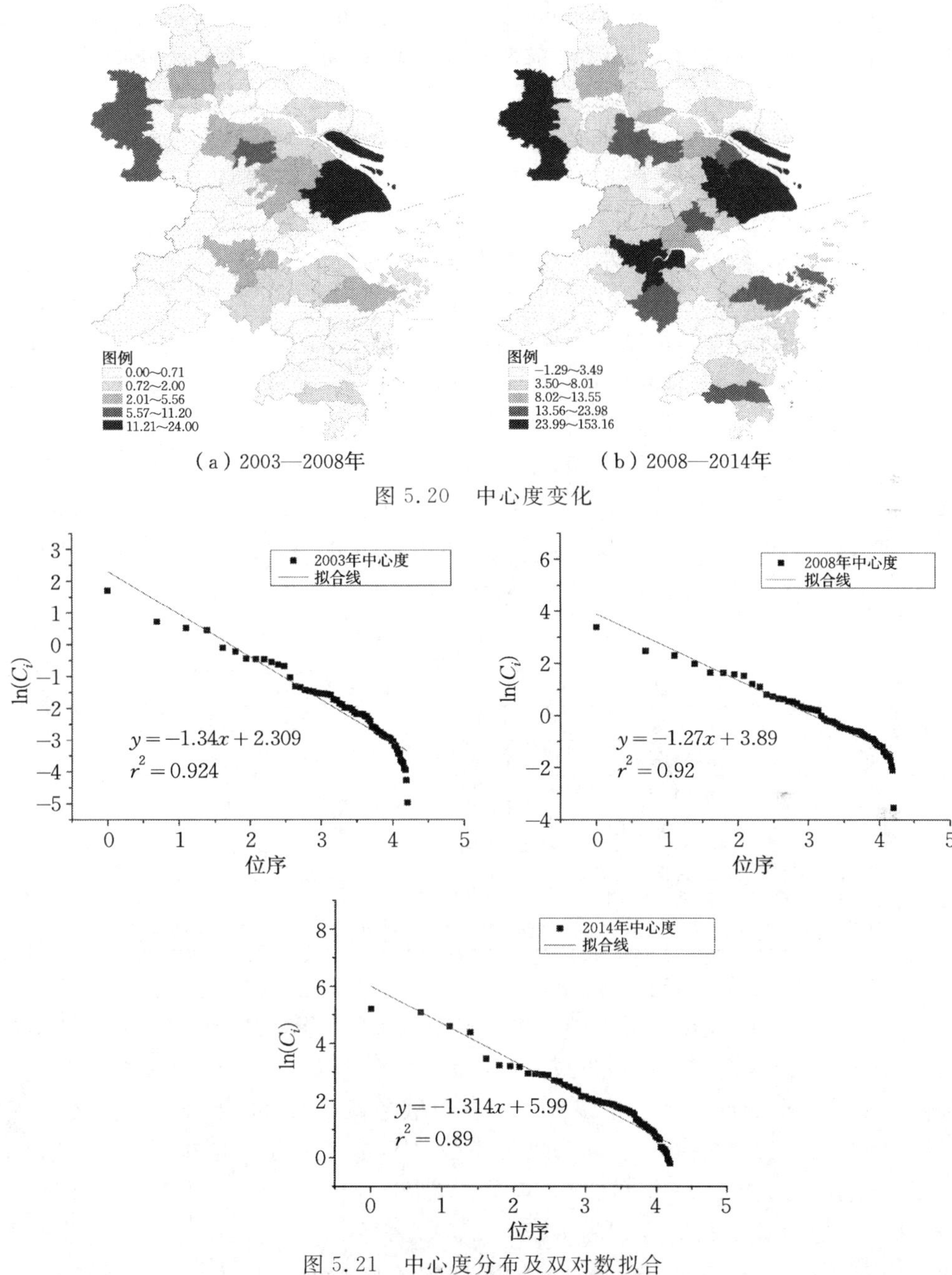

图 5.20　中心度变化

图 5.21　中心度分布及双对数拟合

由图 5.21 可以看出，长三角地区城市公共性服务节点中心度值的幂律拟合优度较高，三个时间点的拟合指数分别为 0.924、0.92、0.89，节点度值符合幂率分布，说明公共性服务同样也有着节点择优关联的现象，该类型网络中绝大多数的节点中心度值较小，只有小部分节点度值较高，与较多的城市发生着服务关联。但相对而言，该类型的节点择优偏好较前两类服务联系弱，拟合的幂率指数为1.34、1.27、1.314，研究期内呈下降趋势。说明公共性服务中节点强度有从高度值节点向中低度值节点扩散的趋势，连接边越来越向多个城市节点分散，中心度的离散特征有所减弱。

3. 节点层级性演变

节点度值的层级体现了其在服务群落中所处地位，以节点中心度为依据，利用自然断裂法对节点度值进行了层级划分，四个层级变动如表5.16所示。上海是公共性服务群落中首位节点，其中心度值在三个年份均居首位，外向功能水平均处于区域内最高水平；江阴、杭州、南京在2003年占据中心度第二层级，是区域范围内服务的次级中心。到2008年次级中心变为无锡、南京。2014年南京进入第一层级，在更大范围内发挥中心性作用，昆山、杭州位列第二层级。从层级结构的节点数百分比来看，2003年各层级比重依次为1.49%、4.48%、11.94%、82.09%，2008年为1.49%、2.99%、7.46%、88.06%，2014年变为2.99%、2.99%、14.93%、79.09%，第三层级的城市数量增长最为明显。

表5.16 中心度分级统计

层级	2003年	2008年	2014年
第一层级	上海	上海	上海、南京
第二层级	江阴、杭州、南京	无锡、南京	杭州、昆山
第三层级	宁波、苏州、昆山、宜兴、无锡、绍兴、扬州、靖江	杭州、江阴、苏州、宁波、昆山	无锡、舟山、宁波、常州、诸暨等10个城市
第四层级	镇江、南通、泰州、太仓、湖州等55个城市	扬州、常州、太仓、嘉兴、绍兴等59个城市	海宁、靖江、苏州、常熟等53个城市

4. 节点集-散类型演变

以节点的流入、流出值为基础，对每个节点的扩散指数进行计算，将扩散指数为正值的节点定义为扩散型城市节点。由表5.17可以看出，三个年份的公共性服务网络中扩散型节点数量明显多于前面两类服务网络，2003年、2008年、2014年的扩散型节点个数均为5个。扩散型城市数量不变，但扩散度的排序、扩散城市发生了改变。上海在2003年和2008年是扩散度最高的城市，到2014年被南京超过，三个年份的扩散指数分别为81.79%、79.58%、47.25%，扩散指数在不断减小。南京是扩散度排第二的城市，扩散指数不断增长，到2014年已经达到约63%，在区域内发挥着重要的辐射作用。杭州在三个年份中均为扩散型城市，其扩散指数在2003年和2008年较低，约为8%，到2014年提升至约26%。除此之外，2003年的江阴、宁波和2008年的无锡、宁波分别在这两个年份中以扩散功能为主导，2014 年舟山、台州的扩散功能得以显现。除了这些城市之外，其他城市所接收到的服务价值均超过了自身向外辐射的服务价值，是区域范围内的服务集聚节点。

表 5.17　各年份扩散型城市节点

类型	2003 年	2008 年	2014 年
公共性服务	上海（81.79%）、南京（23.11%）、江阴（14.90%）、宁波（10.03%）、杭州（7.57%）	上海（79.58%）、南京（35.34%）、宁波（12.20%）、无锡（8.63%）、杭州（7.84%）	南京（63.44%）、上海（47.25%）、杭州（25.58%）、舟山（21.34%）、台州（2.07%）

5.4.2　垂直结构演化

按不同的阈值对公共性服务权重网络进行二值化后可进行拓扑结构的深入挖掘分析。此处以城市间对外服务量均值 V_{public} 为初始阈值，采用 1 倍、4 倍和 16 倍均值作为阈值对城市对外服务网络进行切分，揭示城市公共性对外服务网络的垂直分层结构特征。同时，统计不同流量控制下不同层次网络的节点数、路径数、流量强度和网络密度。

1. 基础层结构演化

图 5.22 为以 $V_{ij} > V_{\text{public}}$ 为阈值控制的公共性服务网络结构，结合不同年份相应的拓扑网络统计指标（表 5.18），发现该流量层次的公共性服务网络存在以下演化特征：①节点参与程度较高，2003—2014 年的节点数均为 66 个，仅剩 1 个城市节点未参与到基础层结构中来，2003 年这个城市是仙居县，2008 年和 2014 年为高邮市；②路径数、平均度值和群落密度有小幅下降，与前两类服务类型的相应指标的大幅下降形成对比；③服务量占比不升反降，说明研究期内公共性服务联系没有发生大幅度的流量集中。

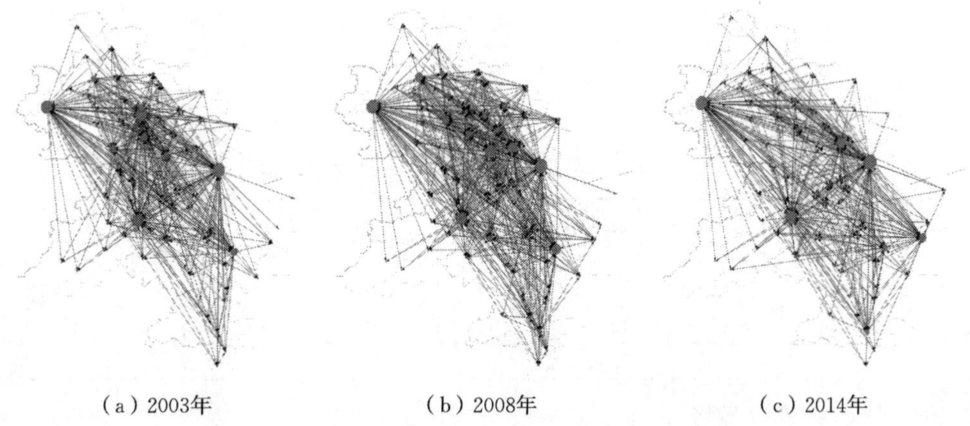

（a）2003年　（b）2008年　（c）2014年

图 5.22　1 倍 V_{public} 控制下公共性服务群落结构演化

表 5.18　1 倍 V_{public} 控制下的服务网络特征

年份	节点数/个	路径数/条	平均度值	群落密度	中心势	平均路径长度	平均服务量	服务量占比/%
2003 年	66	485	7.24	0.11	0.902	1.935	0.020	87.44
2008 年	66	534	7.97	0.121	0.891	1.841	0.10	86.47
2014 年	66	457	6.82	0.103	0.909	2.016	0.92	86.68

2. 次核心层结构演化

次核心层是以 $V_{ij} > 4V_{public}$ 为阈值控制的城市群落结构，该流量层次下的群落以放射状结构为主，上海、南京、江阴、杭州的服务扩散作用十分明显，如图 5.23 和表 5.19 所示。节点数和路径数在 2008 年均有所上升，到 2014 年又出现下降，导致节点的平均度值和群落密度均出现了先升后降的趋势。说明 2003—2008 年公共服务网络有拓展、延伸的时期，更多节点和路径的服务值达到平均水平之上，2008—2014 年的公共服务网络有择优流量集中的趋势。从拓扑网的中心势指标来看，研究期内的网络中心势呈下降趋势，到 2014 年降至 0.67，网络结构呈多中心发展趋势。

图 5.23　4 倍 V_{public} 控制下公共性服务群落结构演化

表 5.19　4 倍 V_{public} 控制下的服务网络特征

年份	节点数/个	路径数/条	平均度值	群落密度	中心势	平均路径长度	平均服务量	服务量占比/%
2003 年	58	169	2.522	0.038	0.85	1.80	0.048	73.46
2008 年	60	182	2.716	0.041	0.88	1.83	0.25	71.39
2014 年	52	162	2.418	0.037	0.67	1.85	2.22	73.74

3. 核心层结构演化

核心层结构以 $V_{ij} > 16V_{public}$ 为阈值进行控制，核心节点和核心联系路径逐步清晰，如图 5.24 和表 5.20 所示。2003 年呈以上海为核心、江阴为副核心的放射状格局;2008 年以上海和南京的辐射最为明显;到 2014 年南京的度值接近上海,加之以杭州为核心的辐射路径的出现,呈三核辐射的格局。网络特征上,2003—2014 年节点数保持稳定,路径数和群落密度呈上升趋势,高等级路径有所增加,结合群落演化图发现,增加的路径主要为以杭州为中心的外向辐射。网络的中心势大幅下降,三个中心城市的辐射作用趋向均衡。平均路径长度呈递减趋势,节点间易达性提高,围绕三个核心节点的核-辐结构大大提高了节点易达性,促进了网络连接的效率。

(a) 2003年　(b) 2008年　(c) 2014年

图 5.24　16 倍 V_{public} 控制下公共性服务群落结构演化

表 5.20　16 倍 V_{public} 控制下的服务网络特征

年份	节点数/个	路径数/条	平均度值	群落密度	中心势	平均路径长度	平均服务量	服务量占比/%
2003 年	28	45	0.67	0.010	0.41	1.84	0.13	51.04
2008 年	26	43	0.64	0.010	0.38	1.80	0.69	47.06
2014 年	27	49	0.73	0.011	0.25	1.56	5.27	53.08

5.4.3　水平结构演化

以城市之间的权重网络为依据,采用 Concors 算法对各类城市对外服务联系进行水平结构的挖掘,旨在通过矩阵中的行与列之间的相关系数迭代运算来产生分区。运用此算法可以将各类型对外服务网络分割成为 3 个层级的子群:一级层面为城市群整体;二级层面存在 4 个子群;三级层面存在 8 个子群。

1. 子群结构划分

子群划分以城市间服务关系密切程度为基准,相互关联性更强。按子群的归属等级将群落体系的嵌套结构表达在空间上以便于发掘其水平空间演化,如图 5.25 所示,并对子群划分结果的内部节点数、中心度值及核心节点进行统计,如表 5.21 所示。

(a) 2003年　　(b) 2008年

(c) 2014年

图 5.25　2003—2014 年长三角地区公共性对外服务子群结构演化

表 5.21　子群统计情况

年份	子群	节点数/个	节点数占全网比例/%	中心度值	中心度值占全网比例/%	核心节点
2003 年	1	2	2.99	7.04	31.95	上海
	2	27	40.30	7.92	35.92	江阴
	3	23	34.32	5.96	27.03	杭州
	4	15	22.39	1.12	5.10	台州
2008 年	1	3	4.48	51.22	40.67	上海
	2	20	29.85	23.85	18.94	江阴
	3	30	44.77	42.87	34.03	杭州
	4	14	20.90	8.01	6.36	台州

续表

年份	子群	节点数/个	节点数占全网比例/%	中心度值	中心度值占全网比例/%	核心节点
2014 年	1	10	14.92	416.75	42.79	上海、南京
	2	19	28.36	112.68	11.57	常州
	3	26	38.81	389.60	40.00	杭州、昆山
	4	12	17.91	54.88	5.63	台州

从图 5.25 可以看出，2003 年公共性服务群落在二级层面可以被划分为四个子群：沪宁子群、沿江子群、杭州湾子群、东南沿海子群。沪宁子群以上海为核心，和南京组成联系密切的子群。虽然该子群只有两个节点，但其中心度值占全网比例达 31.95%；沿江子群以江阴为中心，包括长江沿岸共 27 个城市，在空间上分布紧密，度值总和的比重达 35.92%，是该年份最大的公共性服务子群；第三子群是以杭州为中心的杭州湾子群，该子群拥有包括杭州、嘉兴、湖州等沿湾城市以及江苏省的太仓和昆山，度值总和占比达 27.03%；第四子群是以台州为核心的东南沿海子群，城市节点数量较多，但度值比重不高，为 5.10%。

2008 年子群格局开始分化，长江入海口的南通、海门、启东以及苏州并入第三子群，使得第三子群纵向联合，节点数达 30 个，节点比重也大幅提升，达 44.78%；无锡与以上海为核心的第一子群联系加强，合并为第一子群，节点度值占 40.67%；以江阴为核心的第二子群空间覆盖范围有所缩减，数量减少至 20 个，但仍占全网节点的 29.85%；舟山及其周边城市脱离以台州为中心的第四子群，加入第三子群。

2014 年公共性服务群落进一步分化，苏州、无锡以及南通等城市与南京、上海的联系加强，被纳入第一子群，节点数增长至 10 个，节点度值比重达 42.79%；以江阴为中心的子群变为以常州为中心的第三子群也有一定程度的重组，但总体格局不变，节点度值比重进一步缩减。以台州为中心的第四子群空间和节点数进一步分化，余姚、慈溪、新昌、嵊州等城市脱离该子群，进入第三子群。

2. 子群内外联系分析

对四大子群的内外关联密度进行统计，以考察子群的内外关联结构特征，如图 5.26 所示。从子群内部密度大小来看（图中灰色），第一子群在三个年份均密度最高，其中 2003—2008 年的网络密度有所增长，2008—2014 年密度有所下降。三个研究期内，第二、第三子群在 2003 年和 2008 年拥有相同的网络密度，到 2014 年第三子群密度大幅提升。第四子群在前两个时期密度最低，到 2014 年超过第二子群，网络密度有所上升。

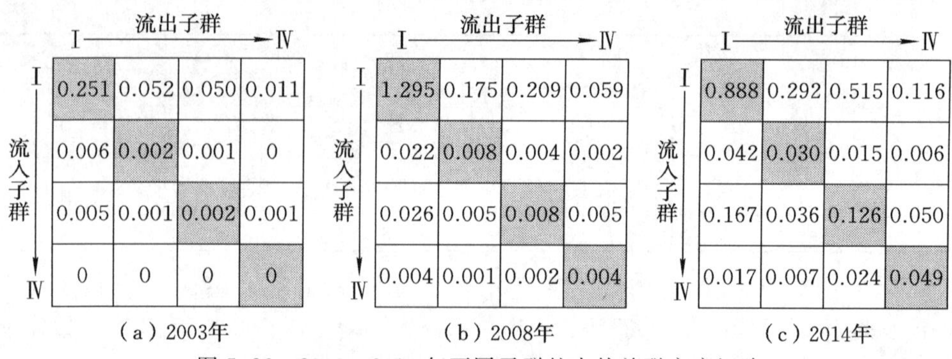

图 5.26　2003—2014 年不同子群的内外关联密度矩阵

从子群间的联系密度来看,三个年份均以第一子群的对外辐射为主,其向外流出的联系密度远高于其他子群的外向联系密度。具体来说,2003 年以上海为核心的第一子群与第二子群和第三子群联系流出度相近,分别为 0.052 和 0.050,从这两个子群扩散的联系密度也相近,分别为 0.006 和 0.005,第四子群为该时期的辐射接收子群,自身辐射能力很弱。2008 年,第一子群与以杭州为核心的第三子群的联系加强,流出密度为 0.209,高于其他两个方向的密度(0.175、0.059)。第二和第三子群的最大流出方向均为第一子群(0.022、0.026)。第三子群的辐射能力继续增强,超过第二子群,主要辐射方向为以上海为核心的第一子群。2014 年,第四子群的辐射能力提高,主要联系方向指向第三子群(0.024)。在实际流动中,不同子群间主要通过核心节点间的主要流动进行联系,而系统内部不同节点间主要通过次要流动和一般流动进行连接。

第6章　不同群落结构的关联性分析与结构模式识别

城市对外服务群落呈差异化的空间关联格局和模式。本章从整体网络和节点度值两个方面探讨不同类型群落结构之间的耦合状态，明确不同结构之间的整体相关性和节点功能的匹配性；利用多维尺度分析方法构建群落结构模式识别路线，对城市对外服务功能下的群落结构进行提炼和总结，抽象出更为一般的城市群落结构及其流动模式。

§6.1　不同群落结构关联性分析

三类对外服务联系作用下的群落结构呈现出差异化的空间关联格局和模式，前文通过复杂网络分析手段将长三角地区的多元动态结构进行了揭示。在差异化的结构背后，不同结构之间的耦合状态也值得深入研究。结构的耦合研究是探讨不同类型结构之间是否存在实质性的同构，即对三类“关系”之间的关系进行假设检验，以探讨“在生产性服务群落中发挥作用的节点是否在生活性服务群落中也发挥着同样的作用”等问题。

6.1.1　整体网络关联

调用UCINET软件中的QAP相关分析（quadratic assignment procedure correlation），可判断生产性、生活性、公共性服务网络结构之间是否存在关联关系。QAP相关分析是一种对两个矩阵中各个数值的相近性进行比较的方法，对矩阵的数值进行比较，并给出两个矩阵之间的相关系数，同时对系数进行非参数检验，QAP分析已被广泛应用于人文社会关系矩阵之间的关系检验中（刘军，2009；Wang et al，2011）。将2003年和2014年生产、生活、公共性服务网络结构中 $V_{ij} > V_{producer}$、$V_{ij} > V_{consumer}$ 和 $V_{ij} > V_{public}$ 三个二值矩阵输入UCINET中，利用QAP分析两两网络结构的整体相关性，结果如表6.1所示。

表6.1　QAP相关分析结果

年份	关联网络	相关系数	显著性水平	平均值	标准差	最小值	最大值
2003年	生产—生活	0.654	0.000 2	−0.000 9	0.065 9	−0.120 2	0.297 7
	生产—公共	0.649	0.000 2	0.000 2	0.070 4	−0.120 8	0.312 1
	生活—公共	0.665	0.000 2	0.000 7	0.070 0	−0.122 6	0.372 5
2014年	生产—生活	0.712	0.000 2	−0.000 3	0.062 8	−0.072 7	0.296 2
	生产—公共	0.629	0.000 2	0	0.066 0	−0.095 5	0.363 5
	生活—公共	0.614	0.000 2	0.001 3	0.069 2	−0.087 8	0.329 2

结果显示，2003 年和 2014 年三类对外服务网络之间均存在着显著的相关性。2003 年的相关系数分别为 0.654、0.649、0.665，生活性服务网络和公共性服务网络具有最高的相关性，其次为生产性服务网络和生活性服务网络，生产性服务网络和公共性服务网络相关系数最低。说明 2003 年生活性服务网络的结构特征与公共性服务网络是正向相关的，且相似程度较高。到 2014 年，各类型之间的相关系数变为 0.712、0.629、0.614，生产性服务网络和生活性服务网络的相关性最高，两者在结构上趋同，而公共性和生活性网络的相关系数下降至 0.614，两者的结构趋向分化，结构相似程度下降，差异性增多。这种结构相关性的改变是由于 2003 年到 2014 年不同服务类型下的群落结构发生了结构更替，结构间的相关程度发生了改变。

6.1.2　节点功能的关联

为考察对外服务网络结构的节点匹配性，选取各城市中心度作为指标，中心度是描述网络节点结构的基本参数，体现了城市与其他城市直接联系的数目，数值越大表示城市节点越重要，这类城市为群落结构中重要的中心节点。通过对中心度值相关性的研究可以衡量城市在不同群落结构中的相对地位特征和规律，如图 6.1 和图 6.2 所示。

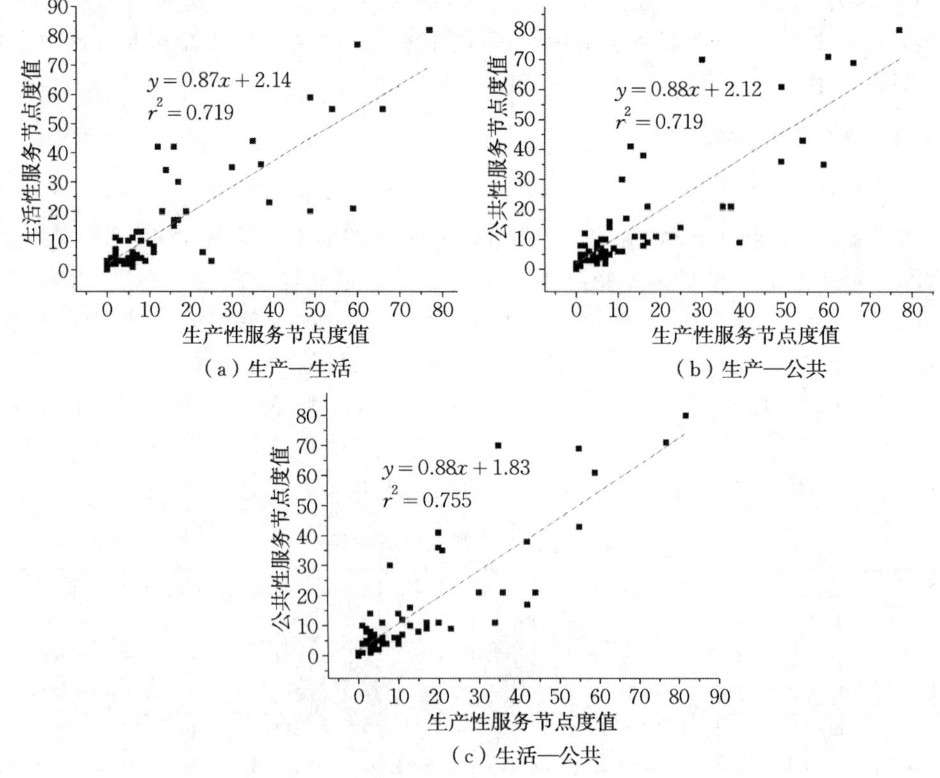

图 6.1　2003 年生产—生活—公共性服务网络节点中心度相关性

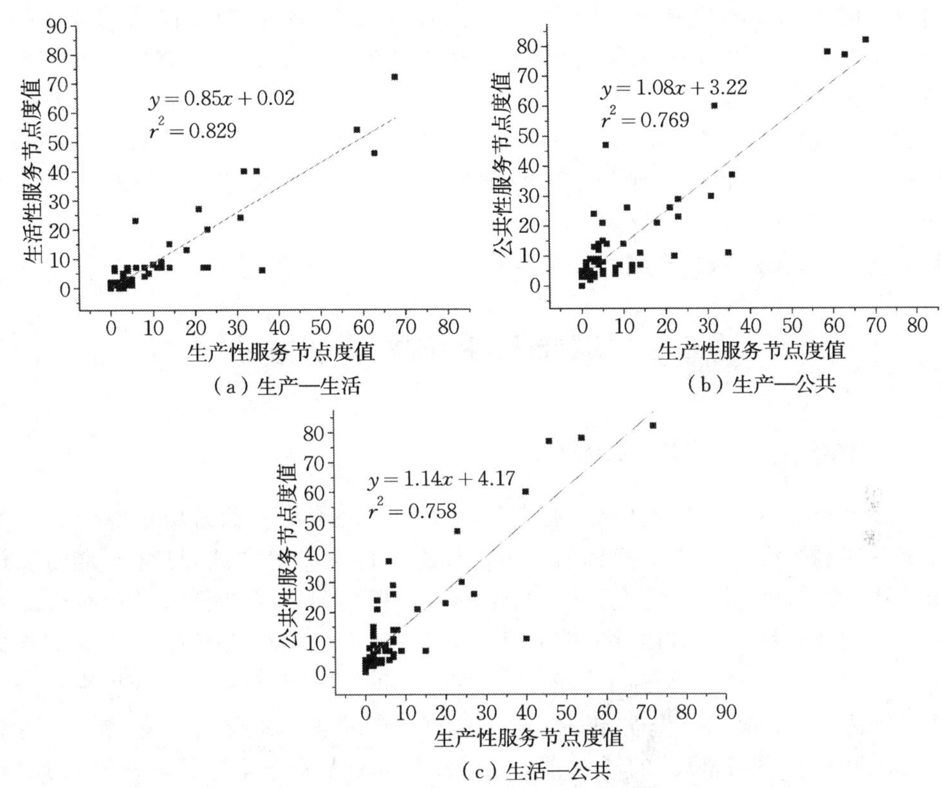

图 6.2　2014 年生产—生活—公共性服务网络节点中心度相关性

结果表明，2003 年生产性、生活性、公共性服务网络的节点中心度值均呈显著的线性相关（r^2＝0.719、0.719、0.755），说明整体趋势是节点在某一类网络中的度值越高，其在另一类网络中的度值也相应较高。这与高等级节点综合发展其外向服务功能有关，这些节点主导着城市对外服务网络的发展，使得其中心度值在三类网络中均正向相关，网络结构联动发展。但相对而言，生活—公共服务网络的节点度值相关程度更高，其高度值节点的度值分布相对一致，如上海（82、80）、杭州（70、71）、宁波（59、61）。各类型网络中度值差异最大的主要分布在 20～60 这一中间层级的区间上，其点度偏离拟合直线的较多，是结构分异产生的重要节点。如生产-生活的度值相关性中，绍兴（59、21）、台州（25、3）、无锡（49、20）这三个节点明显偏向分布在拟合线的右下方，这些节点偏向于在生产性服务网络中发挥着中心扩散作用，在生活性服务网络中作用不明显；另有一些节点则与之完全相反，如常州（14、34）、扬州（16、42）、泰州（12、42）。也有一些节点偏向于在公共性服务网络中发挥作用，如江阴（30、35、70）、宜兴（13、20、41）、靖江（11、8、30）。

2014 年的节点相关性程度有所改变，节点外向服务功能的差异化发展和区域交通网络的建设改变了节点度值的格局，总体而言，网络节点的相关程度提高了，离散节点的个数和离散程度均有所下降。其中,生产—生活服务网络的节点相关性提高至0.829,生活—公共服务网络的相关性则保持不变(0.758),说明生产—生活服务网络的相似性提高,网络结构联动程度更高。从偏离拟合线的节点来看,宁波的偏向最为明显(36、6、37),其在生产性和公共性服务网络中发挥着中心城市作用,在生活性服务网络中则处于边缘位置。在公共服务网络中发挥作用的有南京(63、46、77)、昆山(32、40、60)、杭州(59、54、78)、舟山(6、23、47)等城市,其公共性服务度值相对较高,具有明显偏向性。

§6.2 城市群落结构识别方法

6.2.1 群落结构识别技术流程

以往城市群空间结构的研究,通常是从中心地理论出发探讨城市空间分布的特征和秩序(顾朝林,1992);然后利用指标体系的综合计算方式,结合一定的数量分析方法(如主成分分析、层次分析、图论和复杂网络研究工具等),揭示城市之间的相互作用及经济网络结构(顾伟男 等,2017);最后根据相关专业人员基于自身对某地区实情的观察,凭经验定性地给出城镇空间格局,而定量的结构识别方法体系相对缺乏(关溪媛,2015;郭建科 等,2012)。在此借鉴高晓路等基于"空间节点—空间联系—空间格局"的区域城镇空间结构识别思路(郭雷 等,2006),构建城市群落结构识别的技术路线,如图6.3所示。

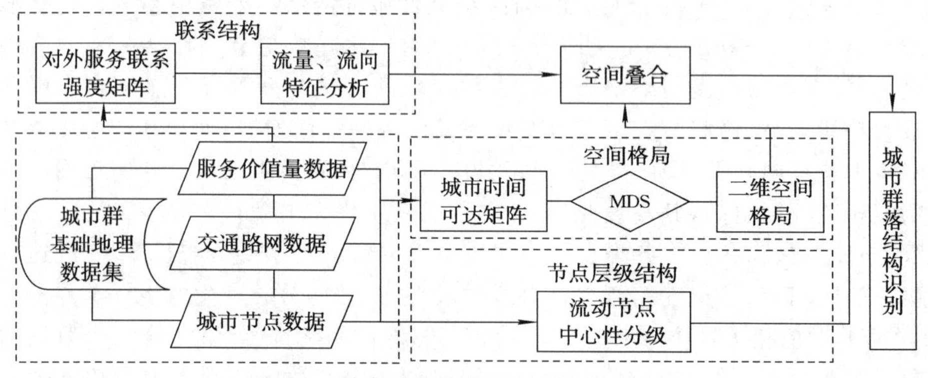

图6.3 城市群落结构识别方法技术路线

具体识别方法主要包括四个步骤:

(1)对城市群落中节点中心性层级规律进行测算。节点是服务流动的出发点、中间环节或终点,是整个城市群落结构的核心载体。流入和流出是流动空间下城市节点辐射和扩散的主要方式,通过测度表征节点在流动空间中辐射和扩散能力的节点中心度指标，并基于节点中心度的高低进行等级分层，可以识别城市群落空间结构中节点辐射扩散能力的层级特征。

(2)通过对三类服务网络的核心层，即 $V_{ij} > 16V_{producer}$、$V_{ij} > 16V_{consumer}$ 和 $V_{ij} > 16V_{public}$ 的联系强度矩阵分析城市群落的核心流向、流量分异规律。相对于一般区域内松散的城镇联系，核心层的城市群落内部节点之间的要素联系十分紧密，通过分析其服务联系强度和格局，为揭示服务联系的网络结构特征提供依据。

(3)通过多维尺度分析将节点空间关系投影至二维空间坐标中，进一步判别整个区域的城市空间格局。多维尺度分析是一种根据研究对象之间的数量化联系(通常以多个维度上的距离来表示)，把它们转换为低维空间(通常是二维)上的点，并利用多点相互之间的几何距离来直观地反映研究对象之间的相似或相异程度的分析方法。

(4)结合节点层级结构、联系结构、核心节点的空间影响范围判别整个区域的城市群落结构。

6.2.2　多维尺度分析

多维尺度分析(MDS)是 Torgerson 于 1958 年提出的一种基于研究对象之间的相似性或距离，将研究对象在一个低维(二维或三维)的空间形象地表示出来，进行聚类或维度分析的图示法。确定各个节点之间的关系矩阵或距离矩阵是该方法的核心，距离代表了城市(城镇)之间的差异性，既可以是时间距离、空间距离，也可以是属性距离。将研究对象的相似性或相异性数据用一个邻近矩阵表示，进而用低维空间中的点结构来表示研究对象，可以揭示数据的潜在结构。其基本原理如下：

假设有 n 个客体 $1,2,\cdots,n$，客体 j 和 k 之间的相异性为 δ_{jk}，在 p 次维的空间中，点间欧氏距离大小为

$$d_{jk} = \sqrt{\sum_{i=1}^{p}(y_{ij} - y_{ik})^2} \tag{6.1}$$

式中，y_{ij} 为点 j 在 i 次维度中的坐标，y_{ik} 为点 k 在 i 次维中的坐标，p 为维度。

客体自身之间的相异性略去，则共有 $m = \dfrac{n(n-1)}{2}$ 个相异值。在 MDS 模型中假定 $\delta_{jk} \approx f(d_{jk})$。其中，当 δ_{jk} 为相似性时，f 为单调降函数；当 δ_{jk} 为相异性时，f 为单调增函数。若样本之间没有相等值，则构造出一个具有与源数据对应大小的矩阵

$$\boldsymbol{\Delta} = [\delta_{j_1k_1} \quad \delta_{j_2k_2} \quad \cdots \quad \delta_{j_mk_m}] \tag{6.2}$$

式中，m 为相异或相似值的有效个数。为度量上述矩阵的拟合程度，Kruskal 提出了应力系数(coefficient stress)这一检验统计量。它代表实际距离与空间表征上的预测距离间的差距(误差)，占实际总距离的比率。计算公式为

$$S=\sqrt{\frac{\sum_{j=1}^{n}\sum_{k=1}^{n}(d_{jk}-\hat{d}_{jk})^{2}}{\sum_{j=1}^{n}\sum_{k=1}^{n}(d_{jk}-\bar{d})^{2}}} \tag{6.3}$$

式中，d_{jk} 是客体间欧氏距离，$\hat{d}_{jk}$ 是在该空间表征下两客体间的预测距离，$\bar{d}$ 是所有客体间欧氏距离的平均数。Stress 系数是目前用来检验 MDS 空间表征构图拟合优度最常用的指标，其判断标准为：当 Stress＜0.05 为拟合极好；Stress＜0.1 为拟合较好；Stress＜0.2 为拟合一般；Stress＞0.3 为拟合较差。

§6.3　长三角城市群落结构模式的识别

6.3.1　群落核心关联网络

以 16 倍均值阈值切分下的三类对外服务功能网络作为群落的核心关联，对其进行可视化，并统计参与节点的流入度、流出度、中介度、流量占比等网络指标，结果如下。

(1)生产性服务群落的核心层网络结构和节点的网络特征如图 6.4 和表 6.2 所示。2003 年，生产性服务群落呈单核放射式扩散，上海是整个网络的核心节点，其外向流出的连接有 25 条，流入的有 4 条，流出的服务量占比达 80.14%，在网络中占据绝对主导地位。其流出方向主要为杭州、昆山、苏州、嘉兴、南京方向。该年份其余节点的外向流量较小，南京为 8.48%，杭州为 5.45%，说明单核结构十分突出。2014 年，上海的外向流出路径减少，南京的流出路径增多，南京和上海在区域中形成两个扩散中心，两者外向流量的之和达 82.53%。其余城市节点如杭州、苏州的外向流出路径数都有所增加，各节点的中介度值也有所增长，说明结构走向网络化，不同节点开始参与到生产性服务网络中来，且发挥的中介作用越来越大。

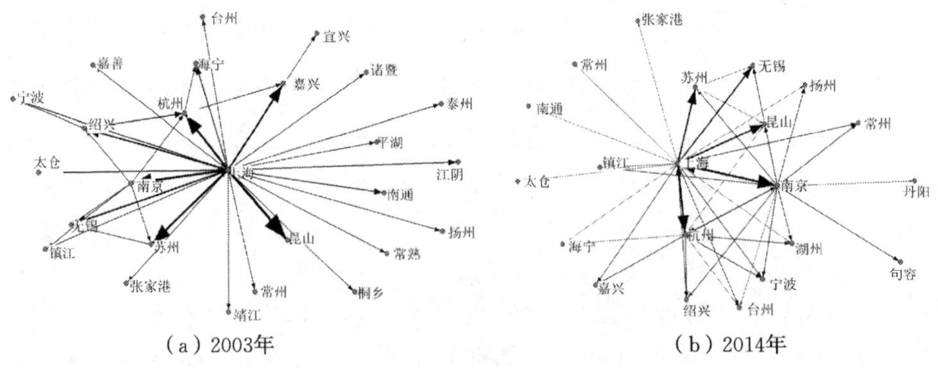

(a) 2003年　　(b) 2014年

图 6.4　生产性服务群落的核心层联系网络

表 6.2　生产性服务中心节点的网络特征统计

年份	城市节点	流出			流入			中介度
		服务量	服务量占比/%	节点数/个	服务量	服务量占比/%	节点数/个	
2003 年	上海	13.4	80.14	25	1.06	6.32	4	82
	南京	1.42	8.48	6	1.31	7.83	1	0
	杭州	0.91	5.45	4	1.85	11.07	3	2
	绍兴	0.68	4.07	3	1.48	8.83	3	1
	苏州	0.31	1.86	2	1.53	9.16	2	0
2014 年	上海	2 135.00	53.26	18	552.36	13.77	4	69
	南京	1 173.00	29.27	14	498.14	12.42	2	17
	杭州	514.00	12.83	9	566.35	14.12	3	20
	苏州	81.44	2.03	3	381.65	9.52	4	20
	昆山	54.22	1.35	2	413.94	10.32	4	0.6
	无锡	25.45	0.63	1	303.92	7.58	3	0
	宁波	24.98	0.63	1	193.60	4.83	3	0

(2)生活性服务群落的核心层网络结构和节点的网络特征如图 6.5 和表 6.3 所示。2003 年,以上海、杭州为辐射中心,双核辐射的结构十分明显。上海的外向流出量占比达 66.84%,杭州达 25.10%,以这两个城市为起点辐射出本网络中绝大多数的连接路径(41 条)。南京的服务量仅为 0.25,占所有流量的 4.96%,服务能力较弱。到 2014 年,核心层网络密度显著下降,上海依旧为最大的扩散中心,杭州、苏州、南京等次级辐射节点的服务流出量在 10%左右,形成"一主三副"的辐射格局。

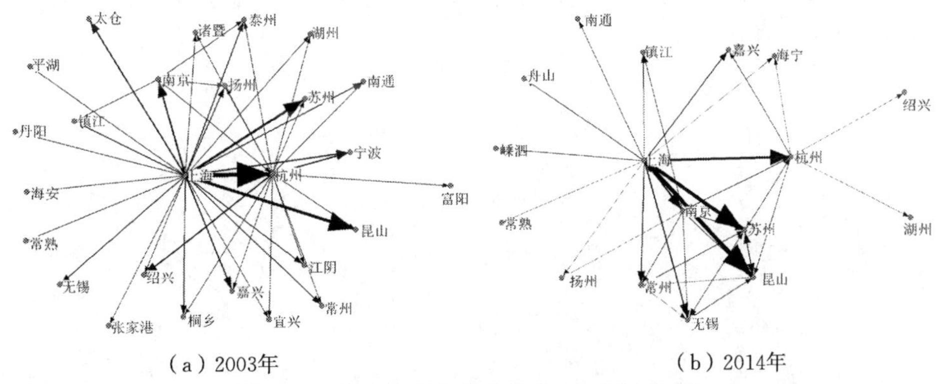

图 6.5　生活性服务群落的核心层联系网络

表 6.3　生活性服务中心节点的网络特征统计

年份	城市节点	流出			流入			中介度
		服务量	服务量占比/%	节点数/个	服务量	服务量占比/%	节点数/个	
2003 年	上海	3.40	66.84	24	0.45	8.94	4	59.5
	杭州	1.28	25.10	17	0.74	14.50	3	17.0
	南京	0.25	4.96	5	0.32	6.24	2	0.5
	宁波	0.11	2.07	2	0.32	6.20	2	0.0
	苏州	0.05	1.03	1	0.41	7.98	2	0.0
2014 年	上海	717.08	61.88	14	122.77	10.60	4	39.2
	苏州	128.97	11.13	6	236.04	20.37	6	25.2
	南京	101.36	8.75	8	95.53	8.24	3	4.2
	杭州	89.45	7.72	8	125.52	10.83	3	15.7
	昆山	86.51	7.47	4	246.68	21.29	5	4.3
	无锡	21.53	1.86	3	109.90	9.48	5	0.5
	常州	13.79	1.19	2	81.76	7.06	5	0.0

(3)公共性服务的核心层网络如图 6.6 和表 6.4 所示，其格局呈现出由单中心扩散向三中心网络化空间结构转变。其中，2003 年以上海为唯一核心，服务量占比达 75.70%，外向连接的节点数为 27 条，比排在第二位的江阴多出 19 条；江阴的公共性服务扩散能力超过南京、杭州，服务量占比为 11.22%。从中介度来看，上海是最重要的服务连接的中间“桥梁”；其次为杭州，中介度仅次于上海，发挥了服务中介传输的作用。2014 年，上海、南京、杭州是核心网络中最重要的辐射节点，三者的流出服务量占比达 92%，流入服务量占比达 36%，说明服务联系主要由三者外向辐射产生。中介度显示南京的中介作用超过上海，成为该类型网络中最为重要的服务传输“中间节点”。

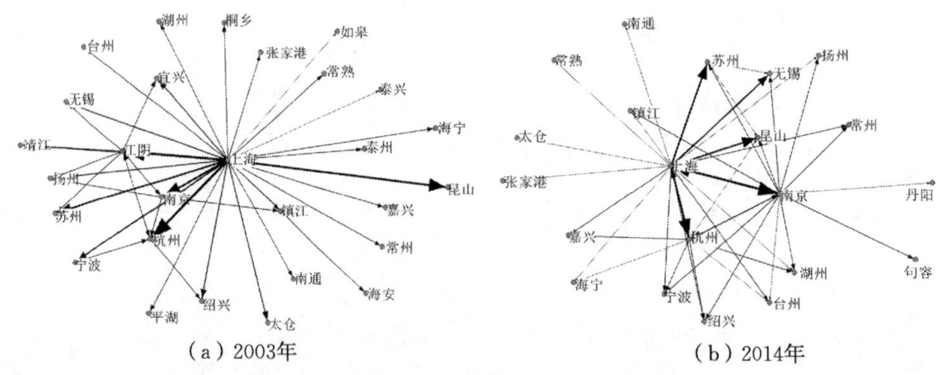

(a) 2003年　　(b) 2014年

图 6.6　公共性服务群落的核心层联系网络

表 6.4　公共性服务中心节点的网络特征统计

年份	城市节点	流出			流入			中介度
		服务量	服务量占比/%	节点数/个	服务量	服务量占比/%	节点数/个	
2003 年	上海	4.26	75.70	27	0.33	5.79	3	76.5
	江阴	0.63	11.22	8	0.68	11.99	3	8.0
	南京	0.39	6.85	5	0.46	8.12	2	0.5
	杭州	0.30	5.37	4	0.66	11.65	4	28.0
	宁波	0.05	0.86	1	0.28	4.94	2	0.0
2014 年	上海	107.09	41.44	16	41.74	16.15	3	17.8
	南京	94.68	36.63	17	24.43	9.45	3	27.8
	杭州	38.03	14.71	11	27.85	10.78	2	10.0
	昆山	18.67	7.22	5	39.36	15.23	3	2.3

6.3.2　区域城镇空间格局识别结果

通过上述分析可以看出，不同时期的长三角城市群落出现了不同程度的结构演替和分化，这种结构演替在拓扑网络中得到了很好的诠释，但这种基于相互作用流的分析尚未落实到空间之上，要揭示城市群落在空间上的结构演变尚需进一步结合空间格局的识别结果。在此以前文创建的 2003 年、2014 年时间距离矩阵作为城市间邻近性程度的实测数据，通过多维尺度分析将它们转换为低维空间（通常是二维）上的点，把复杂的空间和属性关系直观地表达在二维空间上，以分析城市之间不断演变的复杂空间关系。

通过多维尺度分析的运算，得到 2003 年、2014 年两个年份的节点二维散点分布图。MDS 拟合结果的 Stress 系数分别为 0.104 和 0.159，RSQ 值为 0.965 与 0.906，拟合效果分别达到极好和较好水平，说明此模型能将两个时期变化的空间关系进行很好的反映。需要说明的是，MDS 拟合的二维空间分布图与实际地图的绝对位置有所差异，但它们之间的相对位置是基本一致的。这与多维尺度解法的概念有关，MDS 在正交（旋转、平移）变换下相对位置具有不变性。

从 2003 年到 2014 年的二维分布格局可以看到，城市节点的整体分布格局发生了很大的变化，节点之间的相对位置也发生了改变。图 6.7(a)显示 2003 年时间距离下的城市二维空间分布，其格局大体与长三角城市的地理空间分布相差不大。只有上海的位置偏离了其在地理空间中所处的东部最远端的位置，在时间矩阵的拟合空间中稍微向中间位置靠拢，与区域内各个节点的相对距离拉近。图 6.7(b)所代表的空间格局是 2014 年时间矩阵所得出的二维空间，该年份的空间呈现出明显的集聚性特征，上海的相对位置进一步向所有节点的中心靠拢，杭州、南京、宁波、台州、舟山等城市的相对位置明显向中心集聚，城市间的距离也有了较大程度的缩小。也有部分城市空间位置与核心位置距离被拉大，如扬州、靖江、江阴等。本书以这两个空间关系作为演变前后城市间空间关系的表征，在后文结合节点重要程度、空间影响范围、空间影响范围的连接与交错，以及相互联系强度等状况进一步判别整个区域的城市群落空间结构模式。

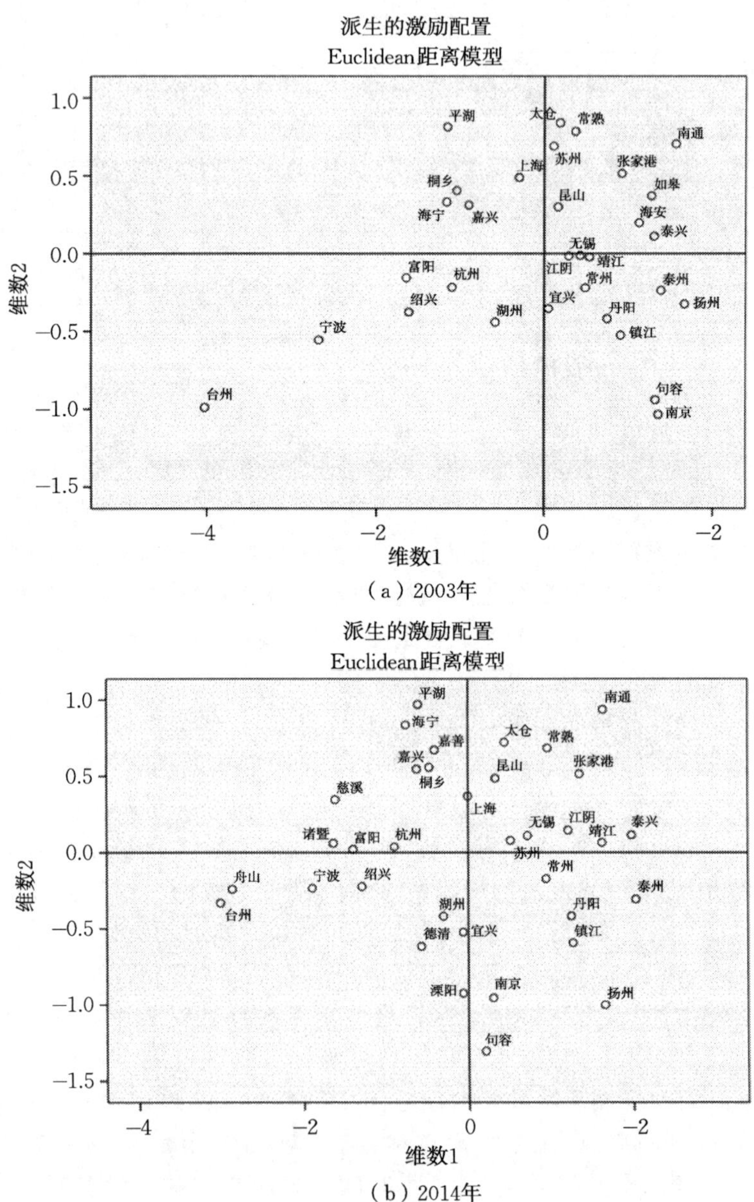

（a）2003年

（b）2014年

图 6.7　2003 年、2014 年时间矩阵拟合下城市二维空间分布

6.3.3　群落结构提炼与演化

依据方创琳等人提出的中国城市群空间范围识别标准，即基本形成核心城市到外围区域的一小时经济圈，把中心城市至外围区域一小时交通距离作为核心城市空间影响范围；结合城市对外服务群落中扩散型节点，确立上海、南京、杭州的中心城市地位，测算出中心城市的一小时交流圈。叠合 2003 年和 2014 年城市二维空间分布格局，以及核心层对外服务流动关系，提炼出长三角地区三类外向服务功能作用下的城市群落结构。得出三类对外服务群落结构的演化。

1. 生产性服务群落结构

由图 6.8 可以看出，长三角地区生产性服务作用下的群落结构呈现出由单中心扩散型向双核心扩散型转变的过程。2003 年，以上海为最大的生产性对外服务中心，向区域内大多数城市进行辐射扩散，西向往南京的服务流量和南向往杭州、绍兴的流量最大，构成“7”字形辐射走廊；南京、杭州、绍兴这三个二级节点与上海形成双向联系，同时向周边少数城市进行辐射。2014 年，由于交通走廊的形成，核心节点如南京、上海、杭州的空间位置明显趋向紧凑，台州、宁波、扬州等周边城市也进入三个核心节点的一小时交流圈。在此背景下，城市群落结构的一体化特征十分显著，南京与上海之间的服务联系达到双向强联系，南京与杭州之间的关联得到很大程度的提升，三角形结构形成，围绕三个中心节点和苏州、昆山等次级节点，初步形成对周边一般节点的辐射影响。核心节点间的一小时交流圈出现重叠，处于两个影响圈交界的城市承接更多的服务流量，在群落中的地位也迅速上升。

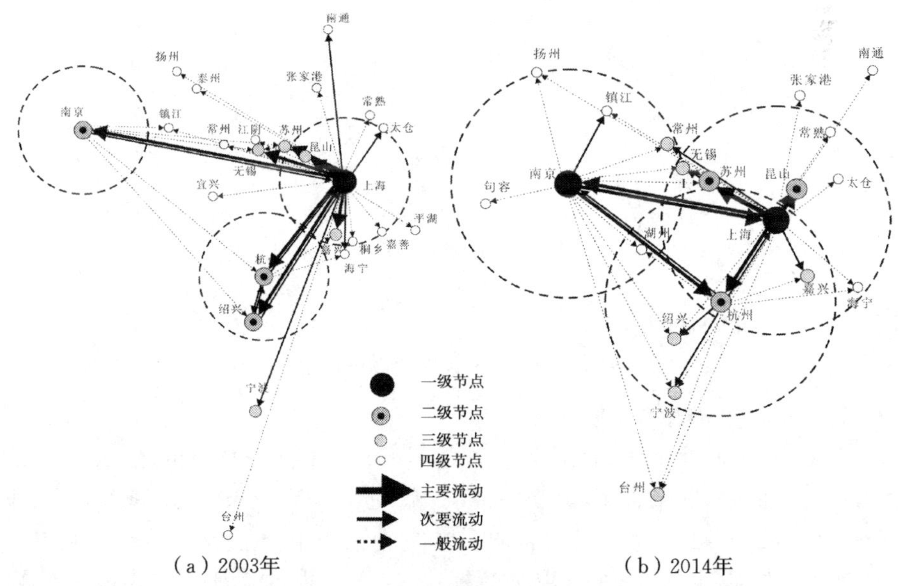

图 6.8　生产性服务群落结构演变

2. 生活性服务群落结构

生活性服务作用下的群落结构与生产性有很大的差异，尽管两者的节点都受城际交通的影响出现空间相对位置的调整和紧凑化趋势，但其服务流向和流量与生产性服务群落截然不同，节点的地位也不一样，如图 6.9 所示。2003 年的生活性服务群落以上海、杭州为双核，向长三角地区大部分城市进行辐射扩散，上海与杭州之间的双向流动也十分强，由双核心向外呈发散式扩散。这一时期以南京为中心的圈层内部生活性服务联系较弱，与东部沿海地区的强强关联形成鲜明对比。到 2014 年，双核扩散型结构向单核扩散型结构转变，以上海为一级节点，向外承担了生活性服务联系的大部分流量。杭州的中心性下降，由一级节点降至二级节点，辐射扩散能力也随之降低。究其原因，这与杭州的生活性服务价值比重下降有关，2003—2014 年杭州的三类型服务价值比由 34∶43∶23 转变为 59∶27∶14，服务功能结构向以生产性服务为主导的结构转变。2014 年的生活性服务结构在空间网络密度、覆盖范围均无法与另两类结构相提并论，生活性服务结构的发展处于不利局面。

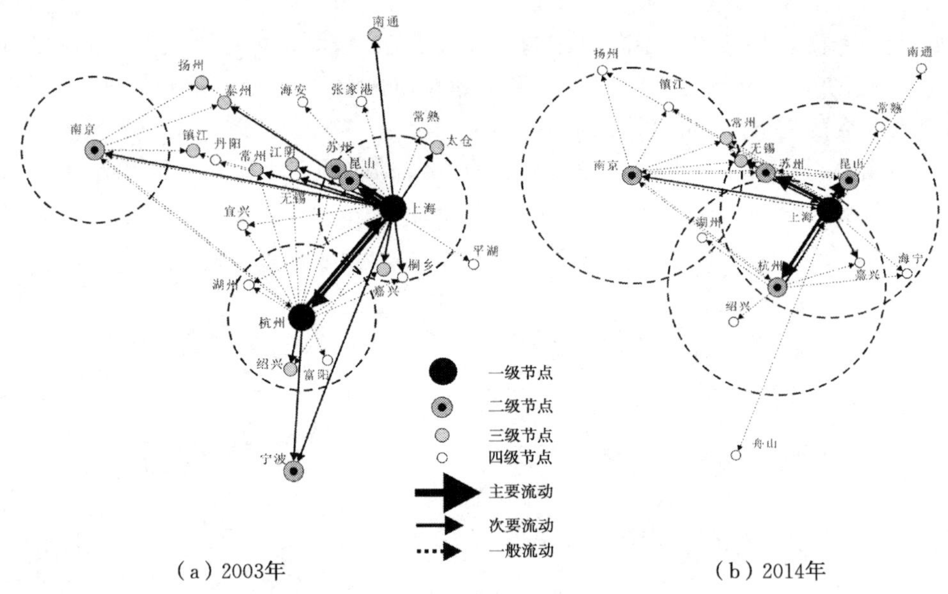

图 6.9 生活性服务群落结构演变

3. 公共性服务群落结构

由图 6.10 可知，相较于前两类服务群落，公共性服务群落的核心层节点数更多，网络更加密集，群落结构由单中心扩散型结构向多中心均衡型结构发展。2003 年，以上海为一级节点，南京、杭州、江阴为二级节点，上海与南京、杭州、江阴的相互联系均较强，南京与杭州的联系较弱，存在一定的功能联系缺失。2014 年，上海、南京、杭州之间的联系强化，它们与周边城市的联系也有很大程度的提升，相较生产性服务联系下三个核心节点的突出辐射作用，公共性服务的群落结构垂直上的层级性特征更加完整，对周边城市节点的辐射作用更强，且三个核心节点的作用更加均衡。较多的扩散型节点对外服务既有利于核心竞争力的提升，又可以使核心层的服务流量向低层级城市节点延伸，有助于公共性服务功能向长江以北、西南山区、东南沿海等区位较偏远区域的扩散。

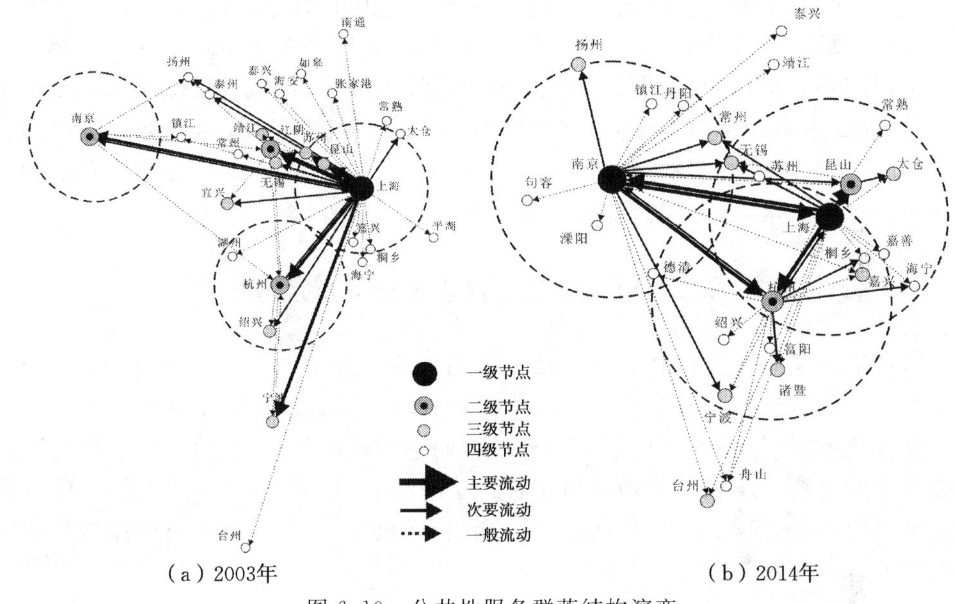

(a) 2003年　　(b) 2014年

图 6.10　公共性服务群落结构演变

第 7 章　群落结构演进的动力机制与策略探讨

本章根据长三角地区城市群落结构要素及其演化过程，从自组织和他组织两个角度提炼城市群落结构演进的驱动机制。自组织动力机制包括：城市产业转型升级的推动；城市职能分工与合作发展的带动；不同类型服务产业区位选择的驱动。他组织动力机制包括：交通设施布局与建设的促进；区域发展战略与制度政策的引导；区域空间发展规划编制的影响。在三类服务群落结构演化结果分析的基础上，挖掘现阶段长三角地区城市群落结构存在的主要问题，提出城市群落结构组织优化的相应对策，推进群落结构与组织模式优化，促成多中心发展格局。

§7.1　城市群落结构演进的动力机制

城市群落是各种物质和非物质要素组合下形成的一个复杂开放系统。人流、资金流、信息流、物流等要素在城市之间持续流动，不同要素在异质化的地域空间内不断分化重组，促使城市群落不断构成新的组织秩序，实现群落结构的优化和结构效益质的飞跃。从长三角地区城市群落的发展演化过程来看，该地区的群落发展是自组织与他组织交互作用的结果。利用自组织理论可对城市群落结构演进的影响因素进行分析。

7.1.1　群落结构演进动力机制的分析架构

德国理论物理学家哈肯(H. Haken)从组织的进化形式角度将系统组织分为自组织和他组织。他认为：如果一个系统靠外部指令而形成组织，就是他组织；如果不存在外部指令，系统按照相互默契的某种规则，各尽其责而又协调地自动地形成有序结构，就是自组织(吴彤，2001)。20 世纪 60 年代末期开始，自组织理论开始建立并发展起来。自组织理论的主要观点认为，在某种有限的区域里，一个系统能够自发形成完整而连续的复杂结构。当一种空间结构不能够更好地促进经济发展的时候，在自组织效应的作用下，区域中的活动主体为谋求更大经济效益，实现长远发展，会自发采取行动或根据共同的利益和目标组织起来形成自主、非强制性约束的整体，以共同应对外部环境变化，区域内活动主体关系的变化导致区域内城市体系结构发生改变(关溪媛，2015)。城市群落本质上为一个自组织式发展复杂的系统，自组织机制的作用贯穿了城市群落形成、发展和演化的全部过程。

在城市群落中，自组织作用可被认为是群落结构发展的内力和看不见的作用机制与规律，它长期作用于群落空间变化与发展的各个过程，主要包括城市产业结构升级、产业链延伸、城市政府行为、城市内企业等组织主体的发展等因素。而城市群落的他组织作用体现在城市群落发展的阶段性规划与引导，本质上是人为的、看得见的手作用于城市群落的发展过程中，在某种程度上也反映了人类对城市空间发展规律的科学认知。近年来，诸多研究均关注政府的制度、政策、管理、规划手段等他组织作用的效应，具体而言，交通网络的完善、政府发展战略与制度政策的引导、区域空间发展规划的编制等因素是最重要的影响因素（吕康娟，2010，2011；甄峰 等，2008）（图7.1）。

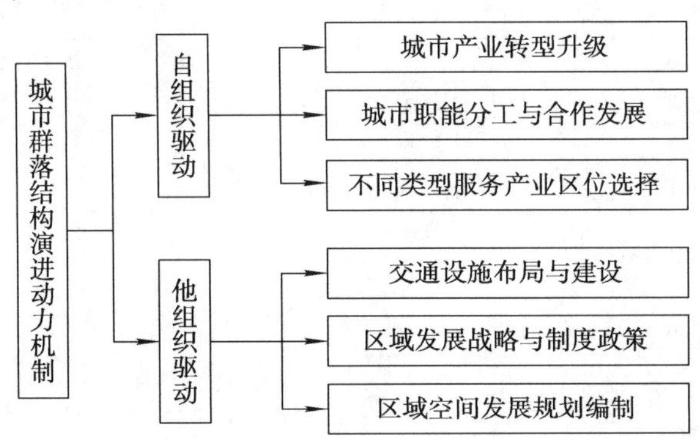

图7.1　城市群落结构演进的动力机制

7.1.2　群落结构演进的自组织影响机制

1. 城市产业转型升级的推动

在城市发展过程中，伴随着产业结构的升级与演化。前者是产业形态由较低层次向较高层次、由简单到复杂的成长过程；后者是产业结构合理化过程，包括三次产业构成比例及地理布局等方面的优化。佩蒂-克拉克定律指出，随着经济的发展，人均国民收入水平的提高，第一产业国民收入和劳动力的相对比重逐渐下降，第二产业国民收入和劳动力的相对比重上升，经济进一步发展，第三产业国民收入和劳动力的相对比重也开始上升。进入信息化时代，新兴行业不断出现，原有产业不断被较高层次的新兴产业所替代。新兴产业对资金、技术及科研人员素质等多方面的要求均较高，所以通常最先出现在经济基础雄厚、科技水平高的中心城市，与此同时，中心城市不断将其成熟产业向其周边次级中心城市或卫星城镇转移，中心城市便开始了产业结构的升级转换。

区域产业结构演进在不同级别城市间构筑了完整的产业体系，核心城市重点发展新兴产业，次中心或卫星城镇承接核心城市转移的成熟或衰退产业，产业的转移推动了多中心出现并强化了城市间的关联和区域群落结构演变。因此，产业结构调整与布局改变是城市群落空间形成和演变的内核，从根本上对城市群落的相互关联产生影响。

长三角地区是我国城镇化发展和产业转型的典型区域，20世纪80年代以来，形成了苏南模式、温州模式等独具特色的经济发展方式。在城市化过程中，长三角地区的产业结构发生了巨大变化，三次产业增加值的比重由 2003 年的 23∶43∶34 变为 9∶45∶46。服务业日渐成为影响城市群落中不同城市主体的组织结构关系的重要产业。近年来，逐步形成了以交通运输业、批发零售业、餐饮业、金融业、房地产业等为支柱，社会服务、商务服务、居民服务等现代服务业竞相发展的新格局。伴随着服务业总量的增长，区域内城市的专业化水平和行业分工也在发生着变化，如表 7.1 和表 7.2 所示。

表 7.1　2003 年服务业内部行业专业化水平大于 1 的城市

行业分类	区位熵大于 1 的城市
交通运输仓储及邮电通信业	南京(1.31)、上海(1.36)
信息传输、计算机服务和软件业	苏州(1.38)、台州(1.17)、杭州(1.14)、无锡(1.11)、舟山(1.11)、扬州(1.05)
批发和零售贸易	南通(1.22)、常州(1.13)、上海(1.12)、镇江(1.09)、扬州(1.06)
住宿、餐饮业	杭州(1.60)、南京(1.20)、宁波(1.18)、舟山(1.16)、上海(1.08)
金融业	嘉兴(1.46)、绍兴(1.40)、台州(1.31)、宁波(1.23)、无锡(1.10)
房地产业	上海(1.46)、南京(1.05)、舟山(1.04)
租赁和商业服务	上海(1.51)、嘉兴(1.12)
科学研究、技术服务和地质勘查	南京(1.46)、杭州(1.37)、上海(1.28)
水利、环境和公共设施管理业	镇江(1.30)、南京(1.23)、苏州(1.26)、无锡(1.18)、宁波(1.14)
居民服务和其他服务业	上海(1.80)、苏州(1.35)
教育	南通(1.43)、台州(1.33)、扬州(1.32)、湖州(1.31)、绍兴(1.28)、无锡(1.29)
卫生、社会保障和社会福利业	台州(1.35)、泰州(1.33)、绍兴(1.29)、南通(1.25)、常州(1.22)
文化、体育和娱乐业	杭州(1.25)、上海(1.13)、南京(1.07)
公共管理和社会组织	湖州(1.53)、泰州(1.41)、台州(1.40)、南通(1.30)、扬州(1.29)、常州(1.25)、绍兴(1.23)

表 7.2　2014 年服务业内部行业专业化水平大于 1 的城市

行业分类	区位熵大于 1 的城市
交通运输仓储及邮电通信业	上海(1.24)、舟山(1.20)、南京(1.18)
信息传输、计算机服务和软件业	南京(2.16)、杭州(1.42)、无锡(1.12)
批发和零售贸易	舟山(1.62)、上海(1.27)、南京(1.01)
住宿、餐饮业	常州(1.29)、无锡(1.19)、上海(1.10)、苏州(1.08)
金融业	台州(1.97)、宁波(1.56)、湖州(1.45)、南通(1.35)、镇江(1.18)、常州(1.10)

续表

行业分类	区位熵大于1的城市
房地产业	苏州(1.37)、杭州(1.33)、嘉兴(1.11)、上海(1.09)
租赁和商业服务	上海(1.41)、宁波(1.05)
科学研究、技术服务和地质勘查	南京(1.43)、杭州(1.27)、上海(1.09)、南通(1.03)
水利、环境和公共设施管理业	镇江(1.90)、常州(1.80)、绍兴(1.69)、嘉兴(1.56)、湖州(1.44)、台州(1.27)、泰州(1.23)
居民服务和其他服务业	无锡(1.54)、上海(1.47)
教育	扬州(2.03)、绍兴(1.80)、泰州(1.70)、南通(1.67)、常州(1.61)、嘉兴(1.60)、湖州(1.51)、无锡(1.31)
卫生、社会保障和社会福利业	绍兴(1.80)、台州(1.68)、湖州(1.61)、泰州(1.61)、嘉兴(1.58)、常州(1.57)、镇江(1.52)、扬州(1.46)、南通(1.44)、无锡(1.43)、宁波(1.38)
文化、体育和娱乐业	常州(1.66)、南京(1.41)、湖州(1.25)、舟山(1.23)、嘉兴(1.18)
公共管理和社会组织	台州(2.03)、湖州(1.83)、镇江(1.69)、泰州(1.67)、绍兴(1.64)、扬州(1.53)、嘉兴(1.52)、宁波(1.47)、南通(1.41)、常州(1.39)、无锡(1.26)、苏州(1.23)

2. 城市职能分工与合作发展的带动

城市群落所处的地理空间不是均衡的，各个局部地域的资源、结构、政策、市场均不相同。根据亚当·斯密的分工理论，每个城市都会根据比较利益，选择自身最具优势的生产环节进行专业化生产。同时，与之相对应的城市功能不仅能满足城市内部需求，也在城市群落内承担相应的职能分工，如图7.2所示。城市之间通过分工形成生产链条，每个城市都是链条上的一环，分工越细、专业化程度越高，城市间彼此的依赖就越强，联系也就越紧密。城市间以此为纽带逐步形成具有一定结构的城市群落。

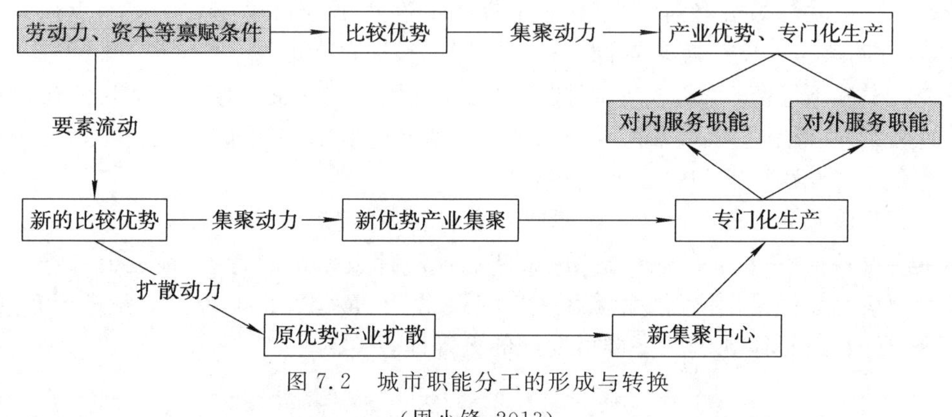

图7.2 城市职能分工的形成与转换

(周小锋，2013)

以往对于城市群职能分工体系的研究，实际上就是研究一定区域范围内各城市的比较优势产业及其空间布局（周小锋，2013）。城市群职能分工体系是否合理对城市群落的整体效益发挥有着直接的影响。每个城市都应独具特色，并有不同的等级规模和层次结构，这样才能通过有效的产业链接关系及城市之间的分工协作形成高效的区域功能性群体。

3. 不同类型服务产业区位选择的驱动

服务业总体呈现集聚特征，但由于服务业是一个大的范畴，包括多个行业，不同性质服务行业的区域集聚特性各异，这些产业的区位选择对城市群落的功能组合和相互关系产生影响，由此产生不同的群落组织形态。服务业集聚发展的主要空间载体是城市，城市化的发展本身就意味着聚集经济在空间地域上的实现。一般而言，大城市是服务业导向的，这是由于大城市经济规模比较大，可以满足高等级产业发展的门槛。大城市的产业基础更加分散和多样化，而小城市的产业发展往往更加专业化（刘志彪，2006）。随着全球经济和国际市场一体化程度的不断提高，国际分工和专业化水平逐步深化以及社会网络、信任和规范等社会资本的作用，产业在世界范围内重新定位和布局。

根据生产和消费服务的对象、外部性、提供服务的主体等不同，服务业可分为生产性服务业、生活性服务业和公共性服务业。具体而言，生产性服务业具有最高的集中度，对规模经济和集聚效应的要求最高。这是因为城市规模越大，劳动生产率越高，生产性服务业的发展就越迅速。生产性服务业还具有中间投入、知识与技术密集、可贸易性等特点，随着信息技术进步和服务专业化水平的提高，生产性服务企业向区域外输出服务以及跨境服务越来越活跃，空间集聚态势会进一步加强。总之，生产性服务业发展的规模化和集聚化要求，使其在规模大的城市、行政等级高的城市以及沿海发达城市得以高效发展。

生活性服务业更多受市场的自由驱动。理论上讲，生活性服务业提供的主要是具有高接触性的最终消费服务，为了提高竞争力，服务企业会尽可能地靠近消费者，其空间集聚程度会越来越低。但由于我国长期存在的城乡“二元”经济结构，区域经济发展不均衡，城乡之间、不同等级城市之间的消费需求结构和居民购买力差异较大，直接影响了以市场为导向的消费性服务企业的空间布局，促使生活性服务行业在经济发达城市和中心城区集聚度较高。

公共性服务业的集聚程度最低，且呈现基本稳定的长期演化格局，公共性服务业供给比较均衡。为了符合公共性服务业保障社会公平的特点，促进公共性服务业的均衡有效供给，一般根据地区人口规模、城市等级等非市场化原则进行布局，这种均等化趋势体现了城市群落发展的包容性。

7.1.3　群落结构演进的他组织影响机制

1. 交通设施布局与建设的促动

基础设施是城市群落各项功能的支撑系统，是城市发展重要的物质基础，它们为城市的物流、人流、信息流提供畅通的传输通道，将城市群落各功能单元与所需的各种资源连接起来，充当各种流态的传播媒介（杨一帆，2006）。城市群落内的交通基础设施对城市发展既有配套和支撑作用，又对偏远地区发挥着渗透作用。区域内部联系的各等级公路、河道、铁路、高速公路、高速铁路及航空线等一方面引导和加剧了空间集聚，产生了极化效应，另一方面又将不同等级的城市节点紧密地连接起来，促成空间体系的扁平化发展趋向。

快速便捷的交通运输网络在群落结构演进的过程中还发挥着轴向引导作用。其延伸的方向以及线路密度的高低直接影响着城市群落内部组织结构的变化和实体形态的变化。交通走廊的形成往往能带动周边城市形成更多的服务联系，而偏离轴线的城市则由于可达性较差，参与到联系网络中的机会减少，处于相对不利的状态。近二十年来，通信和交通基础设施的快速发展将中心城区与城市近郊及周边卫星城镇的距离拉近、联系更紧密，形成了“一小时经济圈”，企业降低了生产过程中的交易费用，城市得以在更大的腹地范围内实现功能互补、产业整合。在信息技术不断革新的推动下，区域空间要素流动性重组也得到加强，各城市功能区域实现了社会服务功能、文化教育、经济金融服务等多种资源的整合，城市与城市之间的功能联系不断加强，城市群落结构不断发展。

长三角地区是中国交通最为发达的地区之一。1900 年以前，长三角地区的城市大多临河而建，十分依赖水路运输的发展，基本形成了两条城市发展轴：一是沿长江聚集了南京、镇江、南通、海门等城市；二是沿运河聚集了扬州、常州、苏州、嘉兴、杭州等城市。1900 年以后，以铁路为主的交通方式逐步兴盛起来，随着 1904—1911 年沪宁、沪杭铁路，以及随后沪杭甬铁路的开通，长三角地区的城市开始沿铁路线发展，上海、宁波的港口条件使其迅速成为对外联系的交通枢纽。新中国成立后，公路成为主要的运输方式，城市发展开始从沿河、沿铁路线、港口城市向周边地区辐射。1990 年以后，长三角地区进入高速公路飞速发展的时代，随着沪宁、沪杭、杭甬高速公路的开通，以南京、上海、杭州为节点的“之”字形交通空间结构得到进一步强化，高速公路成为长三角地区人流、物流的主要通道。2008 年以来，甬台温、沪宁、沪杭、京沪、宁杭、杭甬高铁依次建成，高速铁路极大地促进了沿线城市的人员和服务交流，加上跨江通道的建设与提升，长三角地区已经形成以高速铁路、城际铁路、高速公路和长江黄金水道为主通道的多层次综合交通网络。

长三角地区对外服务群落中的高度值节点不仅具有相对较高的服务价值，往往也在交通网络中发挥着连南贯北、承东启西的作用，在可达性方面具有明显优势。主要表现在：

(1)环太湖平原的天然区位优势，如图 7.3 所示。均质可达性反映出城市所处位置的中心性地位。长三角地区城市的均质可达性整体呈“圈层”结构，以太湖为核心，依次向西北、西南和东南部递减。受区域形态特征的影响，南京、台州等城市到区域内其他城市的距离增加，可达性水平较低。上海、苏州、杭州则处于长三角地区的几何中心，享有最短的直线距离和最佳的区位条件。这种天然的区位优势是城市在区域中所扮演的角色以及城市群落整体结构调整的基础。

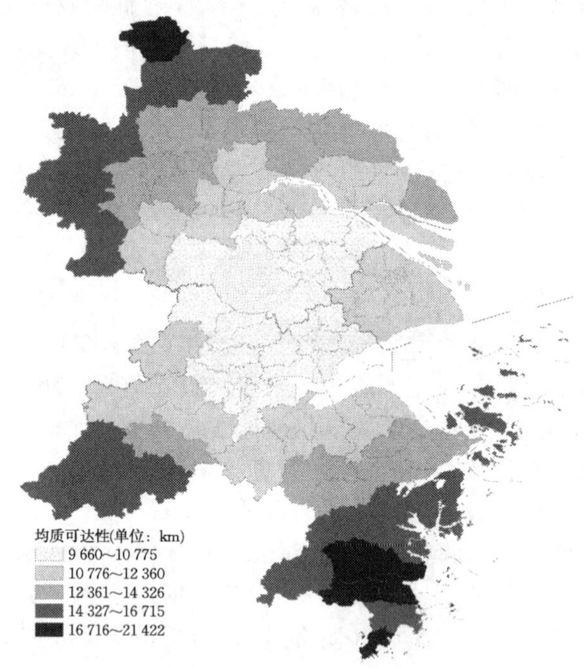

图 7.3 均质可达性分级及其分布

(2)路网不断完善带来辐射范围的扩展。道路网络的建设推动服务网络在空间上的延伸，助力在区位上存在劣势的城市实现服务范围的增长以及接受服务量的提升。从路网可达性的格局来看，整体仍呈以太湖为可达性高值中心，向北部和南部地区逐步降低的圈层式分布。说明城市相对区域所处的地理位置仍然是决定其路网可达性的关键，偏离区域中心越远，其路网可达性也越差，与其他城市联系的便捷程度因此削弱。但从路网可达性的时序变化来看，长三角地区的路网可达性格局逐步接近均质可达性的形态结构。从图 7.4 中可以看出，路网可达性一级核心区向右小幅迁移，长江以北南通、启东、海门等地的路网可达性明显提升，表明长三角地区的道路网络逐步完善，跨江通道的建设、路网的完善逐步削弱了河流、山川等地形的约束作用，弥补了部分偏远城市的区位条件不足。2003—2008 年，路网可达性的最小值由 12 410 km 减少至 11 715 km，减少了 5.6%，说明边缘区域城市的可达性在这一时期获得了较大提升；2008—2014 年，路网可达性提升不明显，主要是因为高等级道路建设对空间距离的缩减效果不明显。

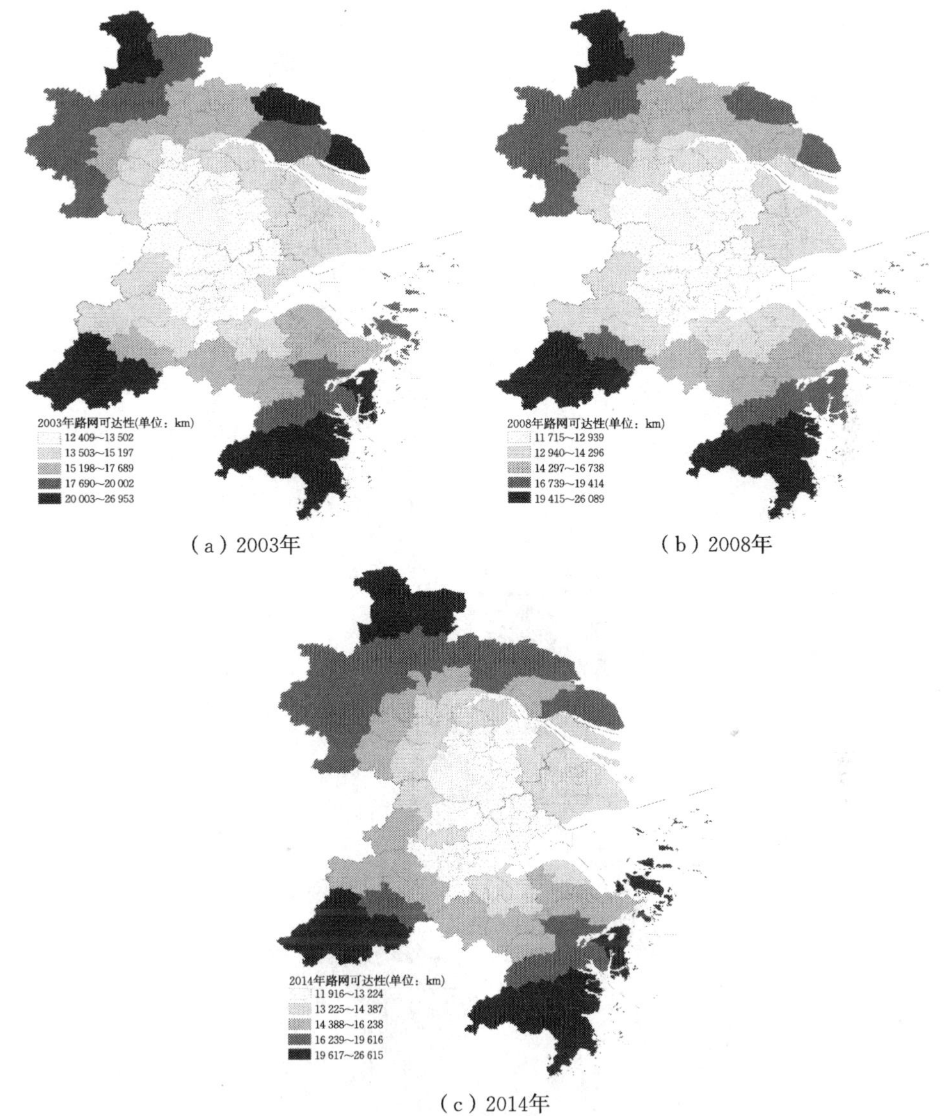

(a) 2003年　(b) 2008年

(c) 2014年

图 7.4　长三角地区 2003—2014 年路网可达性

(3)综合交通网络的建设极大地削弱了相互作用的阻碍，扩大了核心城市的枢纽优势。长三角地区的交通网络经历了由量变到质变的过程，不仅在空间覆盖范围上不断延伸，空间距离不断缩减，在交通形式、交通工具的速度提升上，长三角地区的发展更具代表性。从 2003 年到 2014 年，长三角地区城市的平均时间可达性从 365 h 减少到 175 h，平均出行时间缩短了 52%，如图 7.5 所示。相对路网可达性，时间可达性等值线已经打破规则的圆形形状，在江阴、靖江方向和杭州、绍兴方向呈凸出形状。

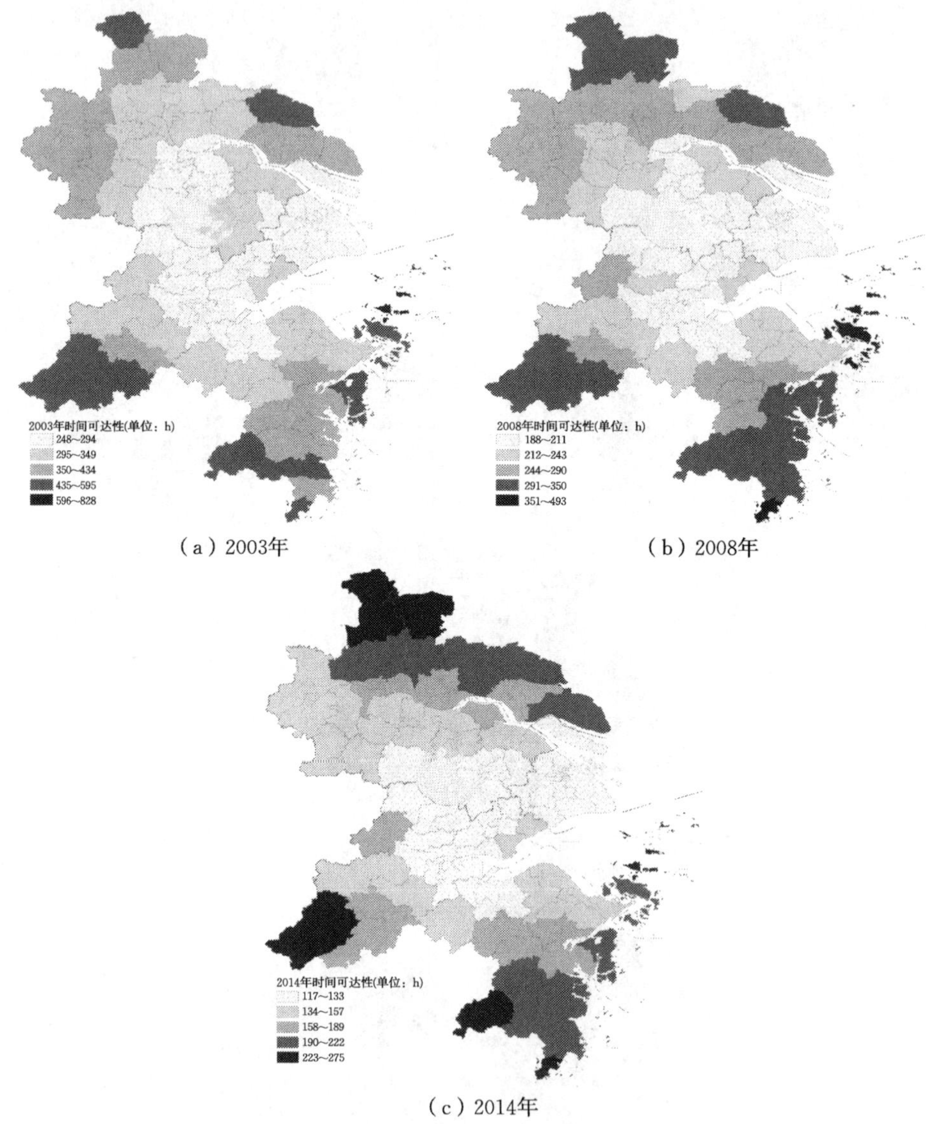

(a) 2003年　(b) 2008年

(c) 2014年

图 7.5　长三角地区 2003—2014 年时间可达性

尤为重要的是，高速公路、高速铁路等多元化交通方式强化了核心城市的交通枢纽作用，辐射范围大大提升。如上海、杭州、苏州、宁波、南京等城市，在高速铁路网络不断完善的情况下，到城市群落内其他县市的平均最短时间缩短至 1.77～2.26 h，大大缩短了城市间空间相对距离，增强了城市间的可达性，有利于城市间联系与合作的进一步加强，如图 7.6 所示。高速公路和高速铁路网的延伸也使得地处偏远城市的交通条件极大改善，2003 年嵊泗、岱山、舟山、玉环、温岭、建德等城市到群落内其他城市的平均最短时间分别为 8～12.5 h，2014 年缩短到 3～4 h，交通的发展削弱了城市间关联由于距离而带来的阻碍，促进了这些城市融入群落结构的进程。

(a) 2003—2008年　　(b) 2008—2014年

(c) 2003—2014年

图 7.6　城市时间可达性改善程度分布

2. 区域发展战略与制度政策的引导

国家区域政策是中央政府在全国整体发展的战略高度上为实现特定目标而有

针对性地颁布的对于某一地区的专项发展政策，是促进区域协调发展、优化空间布局结构、提高资源空间配置效率的重要途径和手段。我国区域政策的演进及区域经济格局的演变是系统和循环渐进的(齐元静 等，2016)。改革开放之初，在融入经济全球化的背景下，国家选择了以试点改革为特点的重要节点空间开发区战略，这些重要的节点是国家制度创新的重要载体，如图 7.7 所示(齐元静 等，2016)。

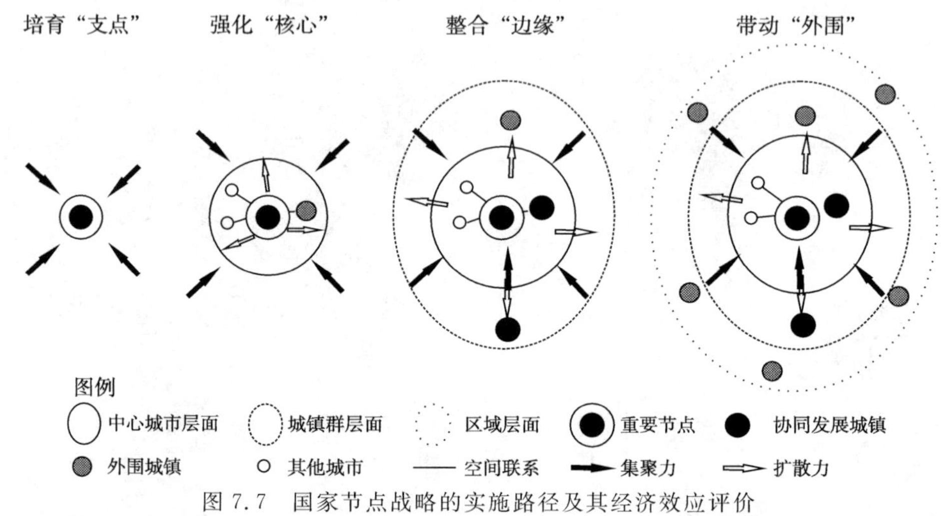

图 7.7　国家节点战略的实施路径及其经济效应评价

随着经济全球化以及区域经济一体化的发展，国家为提高整体发展水平，增加国际竞争力，从全球发展的战略层面提出了一系列引导城市群落发展的宏观战略措施。力求通过国家区域发展战略的制定，促进我国区域之间的协调发展，缩小东、中、西部的经济发展差距。同时，充分发挥城市对区域发展的带动作用，促进城市与区域整体、协调发展。2013 年 9 月“一带一路”倡议提出。2015 年 3 月 28 日，国家发展改革委、外交部、商务部正式发布了《推动共建丝绸之路经济带和 21 世纪海上丝绸之路的愿景与行动》。在“一带一路”倡议中，长三角地区被要求充分发挥经济开放程度高、经济实力强、辐射带动作用大的优势，作为建设 21 世纪海上丝绸之路的核心区发挥关键作用。2016 年 9 月，中国共产党中央政治局召开会议审议通过《长江经济带发展规划纲要》，该战略旨在加强长江流域的合作交流，强调长江通道是我国国土空间开发最重要的东西轴线，在区域发展总体格局中具有重要战略地位。长江经济带战略主张加强上海国际大都市龙头作用，提升南京、杭州、合肥都市区国际化水平，以建设世界级城市群为目标，在科技进步、制度创新、产业升级、绿色发展等方面发挥引领作用。“一带一路”倡议和长江经济带战略作为国家现阶段三大战略之二，从全球、全国层面对长三角城市群落的发展提出了要求和方向，为更高层面的资源优势互补、产业分工协作、城市互动合作提供引导。

政府作为城市发展的引领者，其行为还包括为促进城市发展而制定实施规划、规章制度及城市硬件基础设施的建设等。制度安排作为城市政府管控城市发展的主要手段，在很大程度上与市场因素一起影响和决定着城市发展的历程。改革开放以来，长三角地区的城市发展实际上经历了从工业化推动为主到政府制度变迁为主的发展历程，企业区位选择基础上的集聚扩散以及基于政府竞争基础上的政策和制度创新共同影响了城市群落的形成和演变。在转型阶段的大背景下，作为他组织主体的政府行为极大程度地影响着城市群落一体化形成和演进。具体表现在政府主导的行政区划调整、区域开发政策、城市规划以及政府推动的制度变迁等方面。中央和地方政府在不同时期实行的行政区划调整、区域开发政策、协调机制等政府政策以及实施的相关制度变迁，影响到长三角城市群落的合作和一体化进程，成为转型时期推动长三角一体化发展的重要因素(程开明，2007)。

3. 区域空间发展规划编制的影响

区域发展规划通常在整体协调发展的基础上为城市进行了规划设计和定位，提出了科学发展目标，避免了城市盲目建设，有助于城市群落结构体系的合理化构筑。为了进一步提升长三角地区整体实力、深入实施国家区域发展总体战略，2010 年 5 月，国务院批准实施的《长江三角洲地区区域规划》(简称《区域规划》)，提出将江浙沪两省一市构成的长三角地区建设成亚太地区重要的国际门户、全球重要的现代服务业和先进制造业中心、具有较强国际竞争力的世界级城市群。《区域规划》确立了在长江三角洲城市群构建“一核五圈四带”的网络化空间格局。具体为：提升上海全球城市功能；促进南京都市圈、杭州都市圈、合肥都市圈、苏锡常都市圈、宁波都市圈五个都市圈同城化发展；促进沪宁合杭甬发展带、沿江发展带、沿海发展带、沪杭金发展带四条发展带聚合发展。该规划中，不同级别的城市功能均被赋予明确定位，其中上海要发挥区域性核心城市功能，南京、苏州、无锡、杭州、宁波等作为区域性副中心，城市的综合承载能力和服务功能要进一步提升，城市间联动、错位发展，扩大各自影响力半径，实现区域整体性发展。《区域规划》的出台为处于转型升级关键时期的长三角城市群落的发展指明了道路。

2016 年 6 月，国家发展和改革委员会印发《长江三角洲城市群发展规划》(简称《规划》)，为新时期长三角地区转型提升、创新发展提供战略支撑。本次规划涉及上海市、江苏省、浙江省、安徽省范围内共 26 市，国土面积达 21.17 万平方千米，2014 年地区生产总值 12.67 万亿元，总人口 1.5 亿人，分别约占全国的 2.2%、18.5%、11.0%。相对于上一次规划，本次规划将长三角地区的范围从原来的“两省一市”扩展到目前的“三省一市”，探索在更大范围内实现长三角地区的区域协作与利益共享的机制。《规划》提出构建“一核五圈四带”的网络化空间格局，即发挥上海龙头带动的核心作用和区域中心城市的辐射带动作用，依托交通运输网络培育形成多级多类发展轴线，推动南京都市圈、杭州都市圈、合肥都市圈、苏锡常都市圈、宁波都市圈的同城化发展，强化沿海发展带、沿江发展带、沪宁合杭甬发展带、沪杭金发展带的聚合发展。除此之外,《规划》还对长三角地区的产业转型、基础设施网络、生态环境整治、一体化发展体制机制进行了系统落实,提出优化产业结构、调整空间经济布局、调整社会结构和生态环境结构等任务。《规划》的编制实施,使得长三角城市群的建设有据可依,为形成国际竞争新优势、促进区域协调发展、优化城市群的空间格局,促进大中小城市和小城镇协调发展带来新的发展机遇。总而言之,不同时期国家所推行的区域规划是政府这一他组织力量在帮助城市间形成合理分工并构成有机、协调、高效的整体,推动城市群落结构的优化和协调。

§7.2　城市群落结构演进过程中的主要问题

2003 年以来,长三角城市群落经历了快速的服务联系增强和服务功能调整,城市的各类服务功能通过嵌入城市群落的等级结构,促进群落结构体系的协作与发展。在结构演进的过程中,受资源禀赋差异、设施水平不均、过度追求集聚效益、城市竞争等因素的影响,城市群落结构出现了节点功能高度偏向生产性服务、核心城市流量高度主导、子群发育不均衡等问题。城市群落是一个整体的概念,应注重城市服务功能的分工协作和共生共荣,而非城市之间的无序和恶性竞争。

7.2.1　节点服务功能分化程度不高,总体偏向生产性服务功能

城市生产性、生活性和公共性对外服务功能价值量存在巨大差异。研究期内,以生产性服务功能为主导的城市数量始终占据最大优势。2003 年,生产性服务主导的城市为 19 个,生活性服务主导城市仅 1 个,公共性服务主导城市为 9 个。到 2014 年,生产性服务主导城市增长至 35 个,生活性服务主导城市数量略微增加(4 个),公共性服务主导城市增加到 10 个。在三类对外服务功能中,生产性对外服务占据绝对优势,且随着经济的发展,越来越多的城市偏向发展生产性服务产业。生活性服务功能的发展则相对不足,在其作用下的群落结构出现了核心层网络密度降低、覆盖范围缩小,部分城市退出服务网络的构建等情况。

事实上,全球经济服务化的动态发展,尤其是消费者收入的不断提升导致了对服务需求和最终消费的增加,人们对生活性服务的需求迅速增长。尽管受生活性服务产业特性的影响,大多数城市的生活性服务功能仍主要为对内服务,对外服务功能较弱。但随着人们对高品质服务的追求增长,寻求服务的范围将从所处城市逐步拓展到邻近城市区域,生活性服务的服务半径也将不断扩大。从城市群落内部分工协作和提高服务效益的角度来说,应在深入分析区域差异性、自身要素禀赋的基础上,寻求城市服务功能的差异化发展,通过生产—生活—公共服务功能的协同发展提升城市综合服务范围,优化城市群落的服务功能结构。

7.2.2　节点度离散程度较大，核心城市流量高度主导

城镇化发展过程中，一些城市往往在人口、信息、产业、资源等方面具有比较优势。城市发展的内在集聚机制使资源要素在发展条件优越的地域上越发集中，进而形成区域的增长极，与周边服务经济落后地区形成鲜明的对比，最终在区域中形成“中心—外围”结构。

长三角地区城市对外服务群落中的节点间服务能力差异巨大，具体表现在：①各城市对外服务价值随时间呈差异扩大的趋势，核心城市如上海、南京、杭州得益于主城区空间可达性的便捷程度和生产性服务产业的发展与相互作用，与其他城市产生了密切的服务联系。大多数县级城市由于位于长三角地区的边缘地带，如淳安、建德、宝应等处于西北、西南的丘陵地区和东南沿海地带的城市，空间可达性较差，周围城市分布较少，节点度值增长速度明显慢于中心区域的城市，一些城市甚至出现了中心度值的下降。②不同对外服务网络中的节点均符合幂律拟合特征，且幂指数在 1～2，具有明显的“长尾分布”特征。说明网络中大部分节点的连接边较少而少数节点的连接边较多，节点度值离散程度较大。③核心层网络的服务流量占据绝对主导，次核心和一般层的服务流量较小。

尽管近年来边缘城市的交通、通信等基础设施条件有了很大改善，各城市服务价值均获得了显著的增长。但核心城市由于具有较好的经济、医疗、卫生、教育等条件，不断吸引越来越多的人力、资本等聚集，仍然维持着强者愈强的格局。边缘城市则由于城市分工不明确、功能水平相差悬殊、交通设施水平低、没有高等级路网直达、尚未形成具有特色的产业基础等原因，与核心城市的服务功能和服务价值差异越来越大，成为服务联系网络中的“洼地”。

7.2.3　子群结构尚未成熟，部分子群外向联系薄弱

从子群结构来看，生产—生活—公共三类对外服务群落的内部组团均没有完全形成，各个子群的区域范围及辐射能力还处在变化之中。以生活性服务为例，其在 2003 年形成四个二级子群：沪宁杭子群、长江沿岸子群、西南山区子群、东南沿海子群。2008 年发生了较大的格局变动，以杭州为核心的第一子群联合南京、苏州、南通、泰州的长三角北部城市，打破了原来的“地域邻近式”分布格局，形成该年份最大的二级子群。到 2014 年，原来横贯南北的第一子群又分化重组，杭州与东南沿海的城市联系加强，子群格局又产生了变化。

从子群密度来看，不同时期不同类型服务群落中包含局部连接较强的凝聚子群（如以上海为核心的子群），但除核心子群的对外服务流量较高之外，其余子群的联系密度均远低于网络平均水平。这些子群中以东南沿海子群的联系最弱，与长三角地区城市群落的整体融合程度最低。

子群结构的发展演化主要受不同时期服务联系的紧密程度影响。尚未成熟的格局说明长三角地区对外服务的专业化分工格局仍未形成，区域内服务联系存在“抱团”现象，围绕次级核心节点的辐射子网络亟待优化和调整。

§7.3　城市群落结构组织优化路径与对策

要想实现城市群落空间结构效益的优化提升，需要对群落结构体系中各组成要素与要素的整合结构进行优化。根据长三角地区城市群落结构调整的目标导向，紧密结合当前长三角地区群落结构存在的主要问题，本节从群落结构的节点要素、流要素、通道要素等几个方面寻找优化重组的切实可行的推进路径，以期实现城市群落结构组织优化的目标格局。

7.3.1　加强对城市服务功能的引导，避免城市生态位重叠

城市群落的发展目标是通过多个城市的分工协作或资源共享形成“结构有序、功能互补、整体优化、共享共生”的结构体系，提高城市群落整体对知识、技术、人才等关键资源的吸收、控制转化和利用能力，不断扩充城市群落整体的生态位，从而在城市个体健康成长的基础上实现群落的进化。目前，长三角城市群落结构中存在节点服务功能分化程度不高，区域利益竞争激烈的现实问题，制约了城市群落空间协同和功能一体化格局的形成。

根据城市生态位理论，当两个或多个城市利用同一资源时，即两个或多个城市处于同一生态位时，城市之间必然会发生生存资源的竞争，直至一方衰退甚至消亡；反之，当两个城市或多个城市利用不同的资源时，即两个或多个城市处于不同的生态位，能避免相互之间发生资源的竞争而实现共生。城市服务功能分化不足实质是城市在某个维度的生态位发生重叠，进而导致城市职能雷同和群落内部的恶性竞争。城市生态位理论的研究发现，通过城市生态位的分离、潜在城市生态位的发现和利用以及城市生态位的扩充，可有效缓解城市之间的盲目竞争(陈绍愿等，2006)。

具体来说：①应通过生态位的恰当选择(即服务功能的互补)来避免直接的生存资源竞争。在国家或区域的分工中，城市的功能取决于产业特色。应该根据城市的资源禀赋，突出比较优势和特色，实行差异化的产业政策，引导各地选择适合自身发展的路径。优先发展优势产业，与周边地区形成错位竞争，增强辐射效应，建立与城市功能相适应的服务业产业体系。②要发挥城市主体的学习能力、组织能力和创造能力，捕捉外部环境所隐藏的潜在城市发展机遇，并以此为依据对城市的制度、文化、产业结构、投资环境等内容进行选择性的引导或创新。进入知识经济时代，城市的创新能力和知识转化能力成为当前城市实现弯道超车的潜在生态

位,提高对潜在城市生态位的占有能力和适应能力是当前城市发展的关键问题。应通过城市个体的创新体系完善和创新型城市的建设,加快资源整合,加快技术进步,促进产业成长和产业升级,推动不同产业空间分布的集聚与扩散,进一步实现城市产业结构的高级化和城市功能的转型。③借助外力实现城市生态位的扩充是提高城市竞争力的有效手段。通过优化创业环境,营造生态优美、社会和谐的环境,可以吸引众多创业者投资,实现资源集聚。通过推动产业园区发展和新城建设,大力发展生产性服务业的同时协调发展生活性服务业,进一步增加城市综合对外服务能力。

7.3.2　提高服务网络的纵向互动,促进不同等级服务中心协同发展

集群化发展是提高城市群落整体实力的题中之意,但从目前城市群落的垂直结构分析结果来看,城市对外服务的流量绝大部分仍发生在核心城市之间,不同层级的服务流量差异较大,服务流缺乏跨层级的双向互动。为此,一方面应推动高等级服务中心向高端服务环节发展,培育引领群落发展的龙头城市;另一方面应疏散部分服务功能至中低等级的服务中心,推动大中小城市服务功能的联动发展。

在经济全球化及国际产业地域分工体系逐步完善的环境背景下,上海、南京、杭州等区域服务能力处于第一层级的城市不仅要大幅度推动制造经济向服务经济转型,提高服务业比重,使服务业成为城市的主导职能和城市化的主要动力,还应注重提高服务产业的结构高度,大力发展现代服务业,带动城市经济转型发展。

高等级服务中心的职能发展应重点突出综合性,其目的在于满足长三角地区甚至全国的服务需求,促进中心城市本身产业与职能的协调发展。通过增强城市职能的综合性,为区域内的城市创新与升级提供支撑基础。同时,高等级服务中心还需强调城市职能的开放性,发挥在国际要素、产业地域运动中的枢纽作用,鼓励外资企业设立生产性服务业企业,以及各类功能性、区域性总部和分支机构等。发挥中国(上海)自由贸易试验区在服务业领域先行先试的作用,纳入全球城市体系,承担特定的国际产业地域分工职能,建设成为全球重要的现代服务中心。

除了三大中心城市之外,还存在苏州、无锡、宁波、南通、昆山等大城市,这些城市功能多样,规模不一,但在各区域发展中均承担着重要的作用。这些城市职能结构升级的重点是承接高等级服务中心的成熟产业转移,建设高等级城市带动下的地区性副中心,发展适应其特点的产业。化解服务流动“高度集中”的空间格局,形成区域“多核”的空间发展格局,为区域中心城市功能疏散提供载体空间。长三角地区中小城市的发展相对落后,发育质量也不高。中小城市的发展应提倡以集约化、功能多样性为主导的发展模式,强化自身的集聚能力,以产业结构优化和升级为基础,强化城市产业空间建设,重点建设公路、铁路等基础设施轴的发展。根据各城市的资源特点,大力发展投资少、收效快、就业容量大,以及与经济发展和人民

生活关系密切的行业，如社区服务、物业管理、房地产、饮食服务业以及旅游业等。

7.3.3 提高城市之间服务联系的便捷性，推动服务子群的空间融合

基础设施通道网络在集群化发展、城镇建设及城市化推进中发挥着日益关键的支撑、保障作用。快速通道不仅作为区域空间结构的重要组成部分，而且作为城市、区域要素、产业与功能空间运动的载体，制约着要素、产业的区位选择和对外服务的聚集与扩散。在区域规划过程中，应重点提高城市之间服务联系的便捷性和服务网络的运作效率，推动服务子群的空间融合。

长三角地区的联系网络在过去十几年的时间里经历了迅速发展的过程，高速公路网络不断拓展，跨江、跨湾通道不断建设，群落内城市的交通可达性、时间可达性均获得了极大的提升，要素集聚能力也不断增长。然而，高速铁路、高速公路等高等级道路建设尚处于不断建设和完善的过程中，中心城市的交通获得了极大的便利，但同时也加深了舟山、台州等城市的边缘化。这些地区与中心城市的可达性差距越来越大，直接导致了对外服务群落中部分子群的联系薄弱，形成水平空间上的结构缺失。

因此，未来应加强交通设施的合理布局和建设时序，加强交通基础设施的规划协调，充分考虑规划区域内交通运输与经济社会发展状况的拟合程度，建立若干个以中心城市为主枢纽的辐射状和圈层交通体系，实现“多样化、一体化、规模化、效率化”目标。继续完善一小时通勤圈，建成以城际轨道、快速路为骨架的快速有轨系统。特别要建立舟山—宁波、台州—宁波等方向的快速通道，使其能享受到快速交通带来的福利。在通道建设过程中，还应加强其与城市群落结构体系和产业空间布局的衔接，高效组织区域的人流、物流、信息流和能量流，提高城市群落的聚合功能和运行效能。

7.3.4 推进群落结构与组织模式优化，促成多中心发展格局

城市群落内部各城市之间多元的服务功能联系已经成为城市群落结构演进的重要特征。城市群落的优化不能仅从群体内各个体间空间结构上的显性整合着手，还应注重经济、社会和文化领域等多个层次的隐性融合。

现阶段，虽然长三角城市对外服务群落的发展已经具有了一定的基础，但城市群落结构失衡、扩散中心单一、经济基础薄弱的困境依然存在，并构成了长三角城市群落进一步发展的强大障碍。为此，在进行区域城市空间的整体规划和协调时，应需跳出传统的思维定式，更多以实际空间联系为依据，引导城市地区的设施网络建设与共享，跨区域整合群内的资源与要素，加强群内城市主体之间的经济联系，进而促进城市群落空间的形成与优化。

网络腹地所支撑的圈层结构并非是排他的空间关系，而是呈现叠合交织。在

不同要素层面协调统一时，应将城市群落结构中不同结构之间的差异性和耦合性考虑进来，加强中心城市的综合服务能力和中小城市的特色服务功能挖掘，促进区域多要素层面的联动发展，利用紧密的多重功能联系来提升区域发展的韧性，最终形成中心与外围城市联动、不同要素结构联动、城区与腹地联动的多中心整合化发展。

第 8 章　研究结论与展望

随着全球化、信息化与城市化的高速推进，城市集聚成群已成为全球竞争与国际分工的重要空间形态，城市群体的空间组织形式也已从规划有序安排的规模等级结构转向自组织的多中心、嵌套式结构，城市间具有方向和强度的实质要素流成为影响城市间关系的重要依据。国内外学者从不同视角围绕城市群体结构进行了大量的研究，但现有研究对城市群体空间的动态研究及演进理论提炼不足，相关研究多从宏观层面着手，对于城市内各个维度和各个层面的要素形成的复杂集群结构及结构间的耦合机理缺乏系统性的整合框架。如何运用复杂网络分析方法，将全球化和信息化背景下城市间多元结构和动态演进结合起来，挖掘城市群落内部结构的动态多样性和结构成因多源性，成为本书的重要出发点。

§8.1　研究结论

作为我国城镇化快速发展的地区，长三角地区的空间演变代表了我国若干先发城市群落的空间组织特征和演变趋势，其空间结构演变成为城市群落整合的重要内容。从城市群落的复杂组织关系入手，通过对外服务功能分解和服务联系构建，剖析长三角地区复杂的城市群聚状态、群落结构演化、内部结构差异及驱动机制等特征和规律，既丰富了新时期城市群体结构理论，又为我国城市群体发展、空间组织优化提供了科学依据。本书基于群落结构的基本点要素和线要素的格局和演变特征，构建三类对外服务作用(生产—生活—公共)下城市群落内部相互关联网络，利用复杂网络分析工具，从规模层级性、空间集聚性、结构关联性、结构模式识别等方面对城市群落结构体系进行挖掘与分析，主要结论如下：

(1)长三角城市群落的节点服务能力与功能组合发生了很大的变化。结果表明：①城市生产性服务价值增长速度最快，所占比重最大，是长三角地区对外服务价值的核心组成部分；公共性服务价值增长速度相对较慢，所占比重也是最小。②2003—2014 年城市间生产性服务和生活性服务价值差异程度呈扩大趋势，公共性服务价值分布渐趋均衡。③服务价值的层级演化方面，2003 年城市对外服务价值排名前五的城市分别是上海、南京、杭州、宁波和苏州，到 2014 年，南京与上海跻身第一层级服务中心，杭州为唯一的第二层级城市，昆山、苏州的排序迅速上升，对外服务能力显著提升。④各城市生产性、生活性和公共性对外服务功能价值量存在较大的差异，优势服务功能各不相同。研究期内，以生产性服务功能为主导的城市数量始终占据最大优势。

(2)通过对三类服务功能作用下的城市群落结构的动态分析，发现其空间组织关系正处于单一结构向复杂多中心结构的转化期，不同结构间的分异主要体现在节点的规模特征、流量及流向的垂直变化，以及空间集聚态势三个方面：①从节点的对外服务流出度来看，节点的生产性服务能力显著提升，服务节点的层级结构相对固定，上海、南京、杭州为该类型网络中的扩散型节点；节点的生活性服务能力增速适中，层级性特征变动明显，上海一直保持为扩散型节点，南京、杭州、宁波在不同时期发挥扩散作用，扩散型节点较少；节点的公共性服务度值增长相对较慢，尽管也经历了非均衡式增长的过程，但其分布仍相对均衡，扩散型节点数量也明显多于前面两类服务网络。②垂直结构上，各服务网络的网络密度、网络效率、流量占比和空间分布特征随阈值的增加具有明显的层级异质性。生产性服务群落在不同流量层级均表现出流量极化的特征；生活性服务群落则经历了核心层流量集中以及辐射路径、辐射范围不断缩减的过程；公共性服务群落的节点参与程度高，路径数和群落密度随时间呈上升趋势，高等级路径有所增加，服务流量保持均衡，没有出现高度极化的现象。③水平结构上，子群结构不断分化、重组，生产性服务的子群格局在2003—2008年整体不变，2014年有明显的分化，初步形成以上海、南京为核心的第一大子群和以杭州为核心的纵贯东部沿海地区的第二大子群。生活性服务的子群结构在2008年和2014年均有较大的格局变动，到2014年，杭州与东南沿海的联系加强，子群结构融合程度显著提升。公共性服务子群格局从2008年开始分化，到2014年基本形成跨地域组合的格局。

(3)不同群落结构之间关联性程度不同，服务流动的结构模式也存在差异。相关分析结果表明：①总体上三类对外服务网络之间均存在显著的正向相关性，不同类型结构之间存在一定程度的同构。从演变趋势来看，生产性服务网络和生活性服务网络的相关性最高，两者在结构上趋同；公共性服务网络与前两类网络的相关系数下降，结构关联性降低。②节点度值的相关分析表明，不同网络中节点度值基本呈线性相关，高等级节点主导着城市对外服务网络，网络结构联动发展。但也存在一些节点在不同类型网络中的地位和作用各有侧重，这些节点促进了整体群落服务功能结构的丰富和完善。结构模式识别结果表明：①生产性服务群落由上海单中心扩散向南京、上海双中心扩散转变；生活性服务群落在2003年便以上海、杭州为双核进行辐射，到2014年以上海为主核，苏州、南京、杭州为副核，形成“一主三副”的辐射格局；公共性服务群落呈现出单中心扩散向多中心扩散转变。②区域城镇空间格局发生了很大的变化，节点之间的相对位置也发生了改变。总体上，城市节点呈集聚趋势，上海、杭州、南京、宁波、台州、舟山等城市的相对位置明显向中心集聚；扬州、靖江、江阴等城市的空间位置与核心位置的距离拉大。③群落结构提炼结果显示，长三角地区生产性服务作用下的群落结构呈现出由单中心扩散型向双中心扩散型转变的过程；生活性服务作用下的群落结构演变与生产性服务相反，由双核扩散型结构向单核扩散型结构转变；相较于前两类服务群落，公共性服务群落的核心层节点数更多，网络更加密集，群落结构由单中心扩散型结构向多中心均衡型结构发展。

(4)城市群落结构的形成与发展是多因素综合作用的过程，从自组织和他组织影响机制出发，结合长三角城市群落的相应层面发展状况，得出影响其演进的主要因素包括：①区域产业结构演进是城市群落空间形成和演变的内核，从根本上对城市群落的相互关联产生影响。②城市职能分工与合作是城市群落结构演进的关键，促使群落形成更加高效的区域功能性群体。③不同类型服务产业的区位选择差异是群落结构多元化的动力，在其影响下产生不同的群落组织形态。④交通基础设施是城市群落结构演进的载体，一方面引导和加剧了空间集聚，另一方面连接不同等级的城市节点，促成扁平化空间体系的发展。⑤区域发展战略与制度政策是促进群落协调发展、布局结构优化、资源配置效率提高的推手。⑥区域空间发展规划编制是构筑合理城市群落结构体系的框架。

现阶段，长三角城市群落结构也存在一些问题，主要包括：节点服务功能分化程度不高，总体偏向生产性服务功能；节点度离散程度较大，核心城市流量高度主导；子群结构尚未成熟，部分子群外向联系薄弱。促进群落结构优化行之有效的路径主要包括：加强对城市服务功能的引导，避免城市生态位重叠；提高服务网络的纵向互动，促进不同等级服务中心协同发展；提高城市之间服务联系的便捷性，推动服务子群的空间融合；推进群落结构与组织模式优化，促成多中心发展格局。

§8.2 创新点

本书立足服务经济时代的城市群落结构演进机制分析，从多元群落结构相互耦合的机制上探讨城市群落整体结构演进规律。以城市地理学、群落生态学、复杂网络等多学科理论为基础，从对外服务流的角度分析了不同时期多个维度的城市群落结构，以此构建城市群落整体结构演进理论，不仅是对城市群落空间结构发展演化的认识深化，也是对城市群体结构理论的纵向拓展。

将不同服务功能下的群落结构视为宏观结构的从属主体，分析结构间的横向互动和能动关系，揭示结构之间同构、关联、分异的特性。通过群落结构的分解与关联性分析，既得到城市群落结构的分异性特征和演化机理，又得出不同结构间相互耦合的关系及关联机制。这是对城市群落结构的研究思路、研究方法的拓展，为多元城市群落结构的量化挖掘与理论创新提供了新思路。

通过“空间节点—空间联系—空间格局”的城市群落结构定量识别，量化了城市空间结构模式的提炼方式与路径，为城市群空间结构的分析提供了量化工具。

通过对城市对外服务能力、城市服务联系强度的定量测度，构建城市间服务联系矩阵，结合多维尺度分析方法，分析并提炼城市节点在不同时期的空间格局与流动模式。

§8.3　问题与展望

目前，长江三角洲城市群落并没有完全形成，其内部结构及节点辐射能力还处在变化之中。本书是基于区位熵的假设将长三角地区作为一个封闭的区域进行分析，并采用相互作用模型对外向服务功能测度进行网络化，对长三角地区复杂群落结构的分解和结构特征的挖掘具有一定意义。但也存在一定不足：

(1)城市群落结构演进是一个随着时间推移而动态变迁的过程，本书采用 2003 年、2008 年和 2014 年服务业就业数据来测度城市对外服务价值和功能分异特征，这三期数据代表着我国服务业统计标准确立以来该产业发展演变的重要节点。但对于更多时段、更加多元的服务业数据的获取与利用，将为进一步完整地揭示与认识长三角城市对外服务群落结构演变的过程与模式提供更为充足的数据支撑。

(2)基于区位熵测算的对外服务联系结果还只是群落内部服务结构，现实中经济系统的开放性使得长三角地区的城市对全国范围内的其他城市甚至全球范围都发挥着服务功能。对区域外服务流动的缺失在一定程度上将导致城市对外服务群落结构的偏差。

(3)对外服务功能的发挥显然也受行政区经济等因素的影响，如何将行政区划对城市群落结构的影响机制纳入测度中来，完善群落结构的演化路径与协同机制等问题，值得进一步关注。

(4)城市间相互联系是群落结构挖掘的重要载体，不仅包括基础设施及贸易联系、产业联系、资金联系、技术联系等与经济紧密相关的层面，还包括技术联系、社会联系、行政管理联系等多方面的相互关联，如何以这些不同层面的相互作用要素为研究对象，对城市群落结构做进一步延伸和完善是今后研究的方向。

参考文献

蔡宁，吴结兵，殷鸣，2006. 产业集群复杂网络的结构与功能分析[J]. 经济地理，26(3)：378-382.

蔡翼飞，2010. 我国服务行业集聚特征分析[J]. 发展研究(3)：35-40.

柴彦威，龙瀛，申悦，2014. 大数据在中国智慧城市规划中的应用探索[J]. 国际城市规划，29(6)：9-11.

陈明星，2015. 城市化领域的研究进展和科学问题[J]. 地理研究，34(4)：614-630.

陈绍愿，林建平，杨丽娟，等，2006. 基于生态位理论的城市竞争策略研究[J]. 人文地理，21(2)：72-76.

陈绍愿，张虹鸥，林建平，等，2005a. 城市群落学：城市群现象的生态学解读[J]. 经济地理，25(6)：810-813.

陈绍愿，张虹鸥，林建平，等，2005b. 城市共生：发生条件、行为模式与基本效应[J]. 城市问题(2)：9-12.

陈伟，刘卫东，柯文前，等，2017. 基于公路客流的中国城市网络结构与空间组织模式[J]. 地理学报，72(2)：224-241.

陈修颖，2009. 信息社会下中国区域经济空间结构模式的创新——兼谈新经济背景下中国城市与区域发展战略[J]. 中国软科学(3)：109-114.

陈自才，侯仁勇，2006. 基于生物群落原理的区域发展战略[J]. 武汉理工大学学报(信息与管理工程版)，24(10)：59-62.

程开明，2007. 长三角城市体系分布结构及演化机制探析[J]. 商业经济与管理，190(8)：56-61.

董超，修春亮，魏冶，2014. 基于通信流的吉林省流空间网络格局[J]. 地理学报，69(4)：510-519.

段祖亮，刘雅轩，王建锋，等，2013. 城市生态位测度研究——以天山北坡城市群为例[J]. 干旱区地理(汉文版)，36(6)：1153-1161.

段祖亮，张小雷，雷军，2011. 城市群的生态研究方向：城市群落学解析[J]. 新疆环境保护，33(4)：1-6.

段祖亮，张小雷，雷军，等，2014. 天山北坡城市群城市多维生态位研究[J]. 中国科学院大学学报，31(4)：506-516.

樊杰，许豫东，2005. 基于中心地理论对银川市服务功能的解析[J]. 地理学报，60(2)：248-256.

方创琳，2014. 中国城市群研究取得的重要进展与未来发展方向[J]. 地理学报，69(8)：1130-1144.

方远平，闫小培，毕斗斗，等，2009，转型期广州市服务业区位演变及布局特征[J]. 经济地理，29(3)：370-376.

高鑫，修春亮，魏冶，2012. 城市地理学的“流空间”视角及其中国化研究[J]. 人文地理，27(4)：32-36.

顾朝林，1991. 中国城市经济区划分的初步研究[J]. 地理学报(2)：129-141.

顾朝林，1992. 中国城镇体系——历史·现状·展望[M]. 北京：商务印书馆.

顾伟男，申玉铭，施美辰，2017，中国35个中心城市服务业发展特征及影响因素分析[J]. 城市发展研究，24(9)：33-41.

关溪媛，2015. 基于城市间经济联系的网络城市形成机理研究[D]. 大连：东北财经大学.

郭建科，韩增林，王利，2012. 我国中心城市货运外向服务功能空间体系[J]. 地理研究，31(10)：1849-1860.

郭雷，许晓鸣，2006. 复杂网络[M]. 上海：上海科技教育出版社.

郭世泽，2012. 复杂网络基础理论[M]. 北京：科学出版社.

郭腾云，徐勇，马国霞，等，2009. 区域经济空间结构理论与方法的回顾[J]. 地理科学进展，28(1)：111-118.

国家统计局城市社会经济调查司，2015. 中国城市统计年鉴[M]. 北京：中国统计出版社.

郝寿义，安虎森，2004. 区域经济学[M]. 2版. 北京：经济科学出版社.

贺灿飞，梁进社，张华，2005. 区域制造业集群的辨识——以北京市制造业为例[J]. 地理科学，25(5)：521-528.

黑川纪章，2004. 共生的时代[J]. 城乡建设(7)：21-22.

胡序威，1998. 沿海城镇密集地区空间集聚与扩散研究[J]. 城市规划，22(6)：22-28.

黄少军，2000. 服务业与经济增长[M]. 北京：经济科学出版社.

惠特克，1977. 群落与生态系统[M]. 北京：科学出版社.

姜博，修春亮，赵映慧，2009. "十五"时期环渤海城市群经济联系分析[J]. 地理科学，29(3)：347-352.

金钟范，2010. 基于企业母子联系的中国跨国城市网络结构——以中韩城市之间联系为例[J]. 地理研究，29(9)：1670-1682.

柯文前，陆玉麒，俞肇元，等，2014. 基于流强度的中国城市对外服务能力时空演变特征[J]. 地理科学，34(11)：1305-1312.

来有为，2010. 生产性服务业的发展趋势和中国的战略抉择[M]. 北京：中国发展出版社.

冷炳荣，杨永春，李英杰，等，2011. 中国城市经济网络结构空间特征及其复杂性分析[J]. 地理学报，66(2)：199-211.

李博，2005. 陆地生态系统生态学原理(中文版)[M]. 北京：高等教育出版社.

李逢春，李程骅，2013. 现代服务业推动城市转型发展：实践、验证及路径[J]. 上海经济研究，25(12)：22-30.

李浩，2008. 城镇群落自然演化规律初探[D]. 重庆：重庆大学.

李慧中，王海文，2007. 结构演进、空间布局与服务业的发展——来自长三角的经验研究[J]. 复旦学报(社会科学版)(5)：59-66.

李佳洺，孙铁山，李国平，2010. 中国三大都市圈核心城市职能分工及互补性的比较研究[J]. 地理科学，30(4)：503-509.

李佳洺，孙铁山，张文忠，2014. 中国生产性服务业空间集聚特征与模式研究——基于地级市的实证分析[J]. 地理科学，34(4)：385-393.

李善同，李华香，2014. 城市服务行业分布格局特征及演变趋势研究[J]. 产业经济研究(5)：1-10.

李王鸣，陈秋晓，戴企成，1998. 杭州都市区经济集聚与扩散机制研究[J]. 经济地理，18(1)：35-40.

李仙德，2016. 测量上海产业网络的点入度和点出度——超越后工业化社会的迷思[J]. 地理研究，35(11)：2185-2200.

李亚婷，潘少奇，苗长虹，2014. 中原经济区县际经济联系网络结构及其演化特征[J]. 地理研究，33(7)：1239-1250.

李桢业，金银花，2006. 长江经济带外向型产业城市流分析[J]. 中南财经政法大学学报(3)：117-122.

刘丙章，高建华，李国梁，2016. 中原经济区复杂产业网络结构特征及演化[J]. 人文地理，148(2)：99-105.

刘承良，桂钦昌，段德忠，等，2017. 全球科研论文合作网络的结构异质性及其邻近性机理[J]. 地理学报，72(4)：737-752.

刘继生，陈彦光，1998. 城镇体系等级结构的分形维数及其测算方法[J]. 地理研究，17(1)：171-178.

刘建朝，2013. 京津冀城市群产业优化与城市进化协调发展研究[D]. 天津：河北工业大学.

刘军，2009. 整体网分析讲义[M]. 上海：上海人民出版社.

刘力，2001. 国外城市生态研究的主要方向与研究进展[J]. 世界地理研究，10(3)：86-91.

刘曙华，沈玉芳，2007. 生产性服务业的区位驱动力与区域经济发展研究[J]. 人文地理，22(1)：112-116.

刘玮辰，陆玉麒，文玉钊，2016. 长江经济带城市对外服务能力时空演变分析[J]. 长江流域资源与环境，25(10)：1475-1483.

刘志彪，2006. 论现代生产者服务业发展的基本规律[J]. 中国经济问题 (1)：3-9.

柳坤，2013. 京津冀都市圈服务业空间相互作用研究[D]. 北京：首都师范大学.

柳坤，申玉铭，2014. 中国生产性服务业外向功能空间格局及分形特征[J]. 地理研究，33(11)：2082-2094.

鲁敏，张月华，2002. 城市生态学与城市生态环境研究进展[J]. 沈阳农业大学学报，33(1)：76-81.

陆大道，1995. 区域发展及其空间结构[M]. 北京：科学出版社.

陆军，2010. 中国城镇集群的空间演化逻辑与制度保障体系[J]. 经济社会体制比较(2)：15-22.

陆遥，2012. 产业链空间离散化效应与产业梯度转移研究[D]. 杭州：浙江工业大学.

陆玉麒，1998a. 双核型空间结构模式的探讨[J]. 地域研究与开发，17(4)：44-48.

陆玉麒，1998b. 区域发展中的空间结构研究[M]. 南京：南京师范大学出版社.

路旭，马学广，李贵才，2012. 基于国际高级生产者服务业布局的珠三角城市网络空间格局研究[J]. 经济地理，32(4)：50-54.

吕康娟，付旻杰，2010. 我国区域间产业空间网络的构造与结构测度[J]. 经济地理，30(11)：1785-1791.

吕康娟，王娟，2011. 长三角城市群网络化发展研究[J]. 中国软科学(8)：130-140.

马交国，杨永春，2004. 生态城市理论研究进展[J]. 地域研究与开发，23(6)：40-44.

马荣华，顾朝林，蒲英霞，等，2007. 苏南沿江城镇扩展的空间模式及其测度[J]. 地理学报，62(10)：1011-1022.

马润潮，1999. 人文主义与后现代化主义之兴起及西方新区域地理学之发展[J]. 地理学报，54(4)：365-372.

马晓冬，马荣华，徐建刚，2004. 基于 ESDA-GIS 的城镇群体空间结构[J]. 地理学报，59(6)：1048-1057.

莫辉辉，金凤君，刘毅，等，2010. 机场体系中心性的网络分析方法与实证[J]. 地理科学，30(2)：204-212.

宁越敏，施倩，1998. 长江三角洲都市连锦区形成机制与跨区域规划研究[J]. 城市规划(1)：16-20.

宁越敏，武前波，2011. 企业空间组织与城市-区域发展[M]. 北京：科学出版社.

欧阳志云，王如松，1995. 生态规划的回顾与展望[J]. 自然资源学报，10(3)：203-215.

齐元静，金凤君，刘涛，等，2016. 国家节点战略的实施路径及其经济效应评价[J]. 地理学报，71(12)：2103-2118.

邱灵，2014. 中国服务业发展及其空间结构[M]. 北京：商务印书馆.

邱灵，方创琳，2013. 北京市生产性服务业空间集聚综合测度[J]. 地理研究，32(1)：99-110.

曲亮，郝云宏，2004. 基于共生理论的城乡统筹机理研究[J]. 农业现代化研究，25(5)：371-374.

沙里宁，顾启源，1986. 城市：它的发展衰败与未来[M]. 北京：中国建筑工业出版社.

邵晖，2008. 北京市生产者服务业聚集特征[J]. 地理学报，63(12)：1289-1298.

申玉铭，柳坤，邱灵，2015. 中国城市群核心城市服务业发展的基本特征[J]. 地理科学进展，34(8)：957-965.

沈丽珍，顾朝林，2009. 区域流动空间整合与全球城市网络构建[J]. 地理科学，29(6)：787-793.

石崧，宁越敏，2005. 人文地理学“空间”内涵的演进[J]. 地理科学，25(3)：340-345.

石忆邵，朱红燕，2000. 市场群落、企业群落与城镇网络——兼论长江三角洲都市经济圈联动发展模式[J]. 城市规划学刊(2)：35-37.

史丹，夏杰长，2013. 中国服务业发展报告(2013)——中国区域服务业发展战略研究[M]. 北京：社会科学文献出版社.

史育龙，周一星，2009. 关于大都市带(都市连绵区)研究的论争及近今进展述评[J]. 国际城市规划，24(S1)：160-166.

宋吉涛，方创琳，宋敦江，2006. 中国城市群空间结构的稳定性分析[J]. 地理学报，61(12)：1311-1325.

宋吉涛，赵晖，陆军，等，2009. 基于投入产出理论的城市群产业空间联系[J]. 地理科学进展，28(6)：932-943.

宋家泰，顾朝林，1988. 城镇体系规划的理论与方法初探[J]. 地理学报，55(2)：97-107.

孙斌栋，2009.我国特大城市交通发展的空间战略研究:以上海为例[M]. 南京:南京大学出版社.

孙儒泳，1992.动物生态学原理[M]. 北京:北京师范大学出版社.

汤放华，汤慧，孙倩，等，2013. 长江中游城市集群经济网络结构分析[J]. 地理学报，68(10)：1357-1366.

唐子来，赵渺希，2009. 长三角区域的经济全球化进程的时空演化格局[J]. 城市规划学刊(1)：42-49.

唐子来，赵渺希，2010. 经济全球化视角下长三角区域的城市体系演化:关联网络和价值区段的分析方法[J]. 城市规划学刊(1):29-34.

汪德根，陈田，陆林，等，2015. 区域旅游流空间结构的高铁效应及机理——以中国京沪高铁为例[J]. 地理学报，70(2)：214-233.

汪明峰，高丰，2007. 网络的空间逻辑:解释信息时代的世界城市体系变动[J]. 国际城市规划，22(2)：36-41.

汪明峰，宁越敏，2004. 互联网与中国信息网络城市的崛起[J]. 地理学报，59(3)：446-454.

汪涛，HENNEMANN S，LIEFNER I，等，2011. 知识网络空间结构演化及对 NIS 建设的启示——以我国生物技术知识为例[J]. 地理研究，30(10)：1861-1872.

王成新，梅青，姚士谋，等，2004. 交通模式对城市空间形态影响的实证分析——以南京都市圈城市为例[J]. 地理与地理信息科学，20(3)：74-77.

王海江，苗长虹，郝成元，2010. 中国城市群对外服务功能强度与结构分析[J]. 人文地理(1)：49-55.

王海江，许传阳，陈志超，2007. 河南省城市流强度与结构研究[J]. 河南理工大学学报(社会科学版)，8(4)：390-395.

王缉慈，2010.超越集群:中国产业集群的理论探索[M]. 北京:科学出版社.

王建军，许学强，2004. 城市职能演变的回顾与展望[J]. 人文地理，19(3)：12-16.

王姣娥，莫辉辉，金凤君，2009. 中国航空网络空间结构的复杂性[J]. 地理学报，64(8)：899-910.

王开泳，陈田，2008. 珠江三角洲都市经济区地域构成的判别与分析[J]. 地理学报，63(8)：820-828.

王茂军，杨雪春，2011. 四川省制造产业关联网络的结构特征分析[J]. 地理学报，66(2)：212-222.

王宁宁，陈锐，赵宇，2016. 基于信息流的互联网信息空间网络分析[J]. 地理研究，35(1)：137-147.

王士君，廉超，赵梓渝，2019. 从中心地到城市网络——中国城镇体系研究的理论转变[J]. 地理研究，38(1)：64-74.

王士君，宋飏，冯章献，等，2011. 东北地区城市群组的格局、过程及城市流强度[J]. 地理科学(3)：287-294.

王钊，杨山，刘帅宾，2018. 基于复杂网络的长三角城市对外服务群落结构研究[J]. 生态学报，38(6):1964-1974.

魏后凯，2007. 大都市区新型产业分工与冲突管理——基于产业链分工的视角[J]. 中国工业经济(2):30-36.

魏后凯，1998. 当前区域经济研究的理论前沿[J]. 开发研究(1):34-38.

魏后凯，1997. 中国地区经济增长及其收敛性[J]. 中国工业经济(3):31-37.

吴康，方创琳，赵渺希，2015. 中国城市网络的空间组织及其复杂性结构特征[J]. 地理研究，34(4)：711-728.

吴彤，2001. 自组织方法论研究[M]. 北京:清华大学出版社.

吴志强，陆天赞，2015. 引力和网络:长三角创新城市群落的空间组织特征分析[J]. 城市规划学刊(2):31-39.

武前波，宁越敏，2012. 中国城市空间网络分析——基于电子信息企业生产网络视角[J]. 地理研究，31(2)：207-219.

武前波，宁越敏，2010. 中国制造业企业 500 强总部区位特征分析[J]. 地理学报，65(2)：139-152.

武文杰，董正斌，张文忠，等，2011. 中国城市空间关联网络结构的时空演变[J]. 地理学报，66(4)：435-445.

席强敏，孙瑜康，2016. 京津冀服务业空间分布特征与优化对策研究[J]. 河北学刊,36(1)：137-143.

谢守红，2004. 大都市区的空间组织[M]. 北京:科学出版社.

徐浩鸣，2015. 区域中心城市产业升级与区域经济合作的研究综述与趋势展望[J]. 经济师，322 (12)：182-185.

许学强，周一星，宁越敏，2009. 城市地理学[M]. 北京:高等教育出版社.

宣烨，2012. 我国服务业地区协同、区域聚集及产业升级[M]. 北京:中国经济出版社.

宣烨，余泳泽，2014. 生产性服务业层级分工对制造业效率提升的影响——基于长三角地区 38 城市的经验分析[J]. 产业经济研究(3):1-10.

薛东前，孙建平，2003. 城市群体结构及其演进[J]. 人文地理，18(4)：64-68.

薛凤旋，杨春，1997. 香港-深圳跨境城市经济区之形成[J]. 地理学报,52(S1)：16-27.

闫小培，钟韵，2005. 区域中心城市生产性服务业的外向功能特征研究——以广州市为例[J]. 地理科学，25(5)：537-543.

阎小培，许学强，1999. 广州城市基本-非基本经济活动的变化分析——兼释城市发展的经济基础理论[J]. 地理学报，54(4)：299-308.

杨山，陈升，2009. 基于遥感分析的无锡市城乡过渡地域嬗变研究[J]. 地理学报,64(10)：1221-1230.

杨小波，吴庆书，2006. 城市生态学[M]. 2 版. 北京:科学出版社.

杨一帆，2006. 论基础设施对城市群落空间秩序的影响[J]. 规划师,22(3)：26-28.

杨友仁，夏铸九，2005. 跨界生产网络的组织治理模式——以苏州地区信息电子业台商为例[J]. 地理研究，24(2)：253-264.

姚士谋，2001. 中国城市群[M]. 2 版. 合肥:中国科学技术大学出版社.

姚士谋，陈爽，1998. 长江三角洲地区城市空间演化趋势[J]. 地理学报,65(S1)：1-10.

叶玉瑶，2006. 城市群空间演化动力机制初探——以珠江三角洲城市群为例[J]. 城市规划，30(1)：61-66.

于涛方，2004. 城市竞争与竞争力[M]. 南京：东南大学出版社.

张怀志，武友德，2016. 基于 Logistic 模型的城市群落共生演化与均衡[J]. 生态经济(中文版)，32(12)：73-76.

张建伟，王发曾，徐晓霞，2008. 以生物群落演化视角透视中原城市群整合[J]. 河北师范大学学报(自然科学版)，32(6)：834-840.

张京祥，2000. 城镇群体空间组合[M]. 南京：东南大学出版社.

张京祥，崔功豪，朱喜钢，2002. 大都市空间集散的景观、机制与规律——南京大都市的实证研究[J]. 地理与地理信息科学，18(3)：48-51.

张景秋，陈叶龙，2011. 北京城市办公空间的行业分布及集聚特征[J]. 地理学报，66(10)：1299-1308.

张蕾，申玉铭，柳坤，2013. 北京生产性服务业发展与城市经济功能提升[J]. 地理科学进展，32(12)：1825-1834.

张少华，2013. 中心城市区域服务功能研究[J]. 中国软科学(6)：92-100.

张旺，申玉铭，2012. 京津冀都市圈生产性服务业空间集聚特征[J]. 地理科学进展，31(6)：742-749.

赵渺希，吴康，刘行健，等，2014. 城市网络的一种算法及其实证比较[J]. 地理学报，69(2)：169-183.

甄峰，王波，陈映雪，2012. 基于网络社会空间的中国城市网络特征——以新浪微博为例[J]. 地理学报，67(8)：1031-1043.

甄峰，赵勇，郑俊，等，2008. 新农村建设与乡村发展研究——唐山、秦皇岛乡村个案分析[J]. 地理科学，28(4)：464-470.

郑蔚，2015. 基于复杂性理论的城市经济网络研究进展与展望[J]. 地理科学进展，34(6)：676-686.

钟业喜，冯兴华，文玉钊，2016. 长江经济带经济网络结构演变及其驱动机制研究[J]. 地理科学，36(1)：10-19.

钟韵，闫小培，2005. 西方地理学界关于生产性服务业作用研究述评[J]. 人文地理，20(3)：12-17.

周春山，叶昌东，2013. 中国城市空间结构研究评述[J]. 地理科学进展，32(7)：1030-1038.

周蕾，杨山，臧磊，2014. 经济体制转轨下的无锡市城乡地域结构演变响应[J]. 地理研究，33(8)：1489-1502.

周小锋，2013. 产业驱动城市群空间组织演化研究[D]. 杭州：浙江财经学院.

周一星，张莉，2003. 改革开放条件下的中国城市经济区[J]. 地理学报，58(2)：271-284.

朱桃杏，吴殿廷，马继刚，等，2011. 京津冀区域铁路交通网络结构评价[J]. 经济地理，31(4)：561-565.

朱喜钢，2002. 城市空间集中与分散论[M]. 北京：中国建筑工业出版社.

朱英明，2004. 城市群经济空间分析[M]. 北京：科学出版社.

朱英明，2001. 我国城市群地域结构特征及发展趋势研究[J]. 城市规划学刊(4):55-57.

朱英明，姚士谋，李玉见，2002. 我国城市群地域结构理论研究[J]. 现代城市研究，17(6)：50-52.

邹仁爱，陈俊鸿，陈绍愿，2005. 旅游地群落:区域旅游空间关系的生态学视角[J]. 地理与地理信息科学，21(4)：79-83.

BARABASI A L,ALBERT R,1999. Emergence of scaling in random networks[J]. Science,286(5439)：509-512.

BATHELT H, LI P F, 2014. Global cluster networks: foreign direct investment flows from Canada to China[J]. Journal of Economic Geography,14(1)：45-71.

BATTY M,2013. The new science of cities[M]. Cambridge :MIT Press.

BOITEUX-ORAIN C,GUILLAIN R,2004. Changes in the intrametropolitan location of producer services in Île-De-France (1978—1997): do information technologies promote a more dispersed spatial pattern? [J]. Urban Geography,25(6)：550-578.

BROWNING H L,SINGELMANN J,1975. The emergence of a service society: demographic and sociological aspects of the sectoral transformation of the labor force in the U. S. A[M]. Springfield: National Technical Information Service.

BRYSON J R, DANIELS P W, WARF B, 2004. Service worlds: people, organisations, technologies[M]. London: Routledge.

BURGER M J, 2011. Structure and cooptition in urban networks [J]. Erasmus University Rotterdam,35(5)：383-391.

CALTHORPE P, 1993. The next American metropolis: ecology, community & the American dream[M]. New York: Princeton Architectural Press.

CASETTI E, 1969. Innovation diffusion as a spatial process, by Torsten Hägerstrand [J]. Geographical Analysis,1(3)：318-320.

CASTELLS M,2010. Globalisation,networking,urbanisation: reflections on the spatial dynamics of the information age[J]. Urban Studies,47(13)：2737-2745.

CASTELLS M,1999. Grassrooting the space of flows[J]. Urban Geography,20(4)：294-302.

CASTELLS M,1996. Rise of the network society: the information age: economy, society and culture[M]. New Jersey:Blackwell Publishers.

CHEN S,FATH B D,CHEN B,2010. Information indices from ecological network analysis for urban metabolic system[J]. Procedia Environmental Sciences,2(1)：720-724.

CHRISTALLER W,1966. Central places in southern Germany[M]. New Jersey: Prentice Hall.

COFFEY W J, 2000. The geographies of producer services [J]. Urban Geography, 21 (2)：170-183.

DANIELS P W, 1991. Service and metropolitan development: international perspectives [M]. London and New York:Routledge.

DANIELS P W,MOULAERT F,1991. The changing geography of advanced producer services: theoretical and empirical perspectives[M]. London and New York:Belhaven Press.

DERUDDER B, WITLOX F, 2004. Assessing central places in a global age: on the networked localization strategies of advanced producer services[J]. Journal of Retailing & Consumer Services, 11(3): 171-180.

DERUDDER B, WITLOX F, FAULCONBRIDGE J, et al, 2008. Airline data for global city network research: reviewing and refining existing approaches[J]. Geojournal, 71(1): 5-18.

DICKEN P, KELLY P F, OLDS K, et al, 2001. Chains and networks, territories and scales: towards a relational framework for analysing the global economy[J]. Global Networks, 1(2): 89-112.

FANG C, YU D, 2017. Urban agglomeration: an evolving concept of an emerging phenomenon[J]. Landscape & Urban Planning, 162: 126-136.

FREEMAN T W, DANSEREAU P, 1970. Challenge for survival: land, air and water for man in megalopolis[J]. Geographical Journal, 136(4): 628.

FRIEDMANN J, 1986. The world city hypothesis[J]. Development & Change, 17(1): 69-83.

GEDDES P, 1915. Cities in evolution: an introduction to the town planning movement and to the study of civics[J]. Social Theories of The City, 4(3): 236-237.

GIESEN K, SÜDEKUM, 2009. Zipf's law for cities in the regions and the country[J]. Iza Discussion Papers, 11(4): 667-686.

GOTTMANN J, 1961. Megalopoli: the urbanized northeastern seaboard of the United States[M]. New York: Twentieth Century Fund.

GREENFIELD H I, 1966. Manpower and the growth of producer services[J]. Economic Development(1): 163.

HAGGETT P, CLIFF A D, 1977. Locational models[M]. London: Edward Amold Ltd.

HALL P, 2006. The polycentric metropolis: learning from mega-city regions in Europe[M]. London: Earthscan Publication.

HARVEY D, 1973. Social justice and the city[M]. London: Edward Arnold.

HOYT H, 1939. The structure and growth of residential neighborhoods in American cities [M]. Washington: U. S. Government Printing Office.

JOHN F, 1973. Urbanization, planning and national development [M]. London: Sage Publication.

JOHNSON H J, 2000. Global positioning for financial services[J]. Social Research: 180.

LEIBOLD M A, 1995. The niche concept revisited: mechanistic models and community context[J]. Ecology, 76(5): 1371-1382.

LEY D, HUTTON T, 1987. Vancouver's corporate complex and producer services sector: linkages and divergence within a provincial staple economy[J]. Regional Studies, 21(5): 413-424.

O'CONNOR K, HUTTON T A, 1998. Producer services in the Asia Pacific region: an overview of research issues[J]. Asia Pacific Viewpoint, 39(2): 139-143.

PARK R E, 1915. The City: suggestions for the investigation of human behavior in the city environment[J]. American Journal of Sociology,20(5): 577-612.

SASSEN S, 2002. Locating cities on global circuits[J]. Environment & Urbanization, 14(1): 13-30.

SHEA K, CHESSON P, 2002. Community ecology theory as a framework for biological invasions[J]. Trends in Ecology & Evolution, 17(4): 170-176.

SILVERTOWN J, 2004. The ghost of competition past in the phylogeny of island endemic plants[J]. Journal of Ecology, 92(1): 168-173.

SOO K T, 2005. Zipf's Law for cities: a cross-country investigation[J]. Regional Science and Urban Economics, 35(3): 239-263.

STANBACK T M, 1980. Understanding the service economy [M]. Baltimore: Johns Hopkins University Press.

TAYLOR P J, 2005. New political geographies: global civil society and global governance through world city networks[J]. Political Geography, 24(6): 703-730.

TAYLOR P J, 2014. Competition and cooperation between cities in globalization [M]. Cheltenham: Edward Elgar Publishing.

TAYLOR A J, BEAVERSTOCK J V, COOK G, et al, 2003. Financial services clustering and its significance for London [M]. London: Corporation of London.

TAYLOR P J, DERUDDER B, 2004. World city network: a global urban analysis [J]. International Social Science Journal, 31(4): 641-642.

TAYLOR P J, DERUDDER B, HOYLER M, et al, 2013. New regional geographies of the world as practised by leading advanced producer service firms in 2010 [J]. Transactions of the Institute of British Geographers, 38(3): 497-511.

TAYLOR P J, EVANS D M, HOYLER M, et al, 2009. The UK space economy as practised by advanced producer service firms: identifying two distinctive polycentric city-regional processes in contemporary britain[J]. International Journal of Urban & Regional Research, 33(3): 700-718.

ULLMAN E L, 1957. American Commodity Flow [M]. Seattle: University of Washington Press.

WALL R S, KNAAP G A V D, 2011. Sectoral differentiation and network structure within contemporary worldwide corporate networks[J]. Economic Geography, 87(3): 267-308.

WANG J, MO H, WANG F, et al, 2011. Exploring the network structure and nodal centrality of China's air transport network: a complex network approach [J]. Journal of Transport Geography, 19(4): 712-721.

WATTS D J, STROGATZ S H, 1998. Collective dynamics of "small-world" networks [J]. Nature, 393(6684): 440-442.

ZHANG Y, LIU H, FATH B D, 2014. Synergism analysis of an urban metabolic system: model development and a case study for Beijing, China [J]. Ecological Modelling, 272(272): 188-197.